文化服饰大全

## 服饰造型讲座 ❹

# 外套·背心（修订版）

日本文化服装学院 编

张道英 译

東華大學出版社·上海

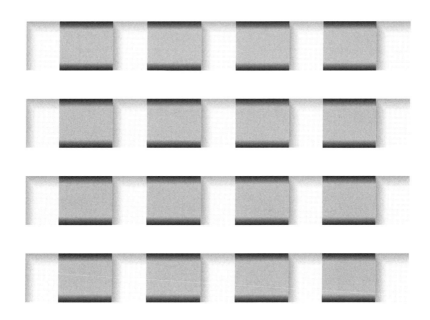

**图书在版编目（CIP）数据**

服饰造型讲座 . ④ , 外套·背心 / 日本文化服装学
院编；张道英译 . — 修订版 . — 上海：东华大学出版
社，2023.12
（文化服饰大全）
ISBN 978-7-5669-2304-2

Ⅰ . ①服… Ⅱ . ①日… ②张… Ⅲ . ①服装—造型设
计 Ⅳ . ① TS941.2

中国国家版本馆 CIP 数据核字（2023）第 222851 号

文化ファッション大系改訂版·服飾造形講座 ④ジャケット·ベスト
本书由日本文化服装学院授权出版
版权登记号：图字 09-2021-0341 号
*BUNKA FASHION TAIKEI KAITEIBAN•FUKUSHOKU ZOKEI KOZA 4:*JACKET•VEST
edited by EDUCATIONAL FOUNDATION BUNKA GAKUEN BUNKA FASHION COLLEGE
Copyright©2009 EDUCATIONAL FOUNDATION BUNKA GAKUEN BUNKA FASHION COLLEGE
All rights reserved.
Original Japanese edition published by EDUCATIONAL FOUNDATION BUNKA GAKUEN BUNKAPUBLISHING BUREAU
This Simplified Chinese language edition is published by arrangement with
EDUCATIONAL FOUNDATION BUNKA GAKUEN BUNKA PUBLISHING BUREAU, Tokyo
in care of Tuttle-Mori Agency, Inc., Tokyo through Pace Agency Ltd., JiangSu Province.

责任编辑：谭　英
版式设计：上海三联读者服务合作公司

文化服饰大全
服饰造型讲座 ④

# 外套·背心（修订版）
Waitao·Beixin

日本文化服装学院　编
张道英　译

出　　版：东华大学出版社
（上海市延安西路 1882 号　邮政编码：200051）
出版社网址：dhupress.dhu.edu.cn
天猫旗舰店：dhdx.tmall.com
营销中心：021-62193056　62373056　62379558
印　　刷：上海盛通时代印刷有限公司
开　　本：890 mm×1240 mm　1/16
印　　张：11.5
字　　数：405 千字
版　　次：2023 年 12 月第 1 版
印　　次：2023 年 12 月第 1 次印刷
书　　号：978-7-5669-2304-2
定　　价：58.00 元

# 序

文化服装学院至今为止已推出了《文化服装讲座》和根据前者内容改编的《文化服饰讲座》教科书。

从 1980 年开始，为了培养服装产业的专业人员，有必要对服装产业内各领域的教学课程进行专业细分，正是意识到了这一重要性，所以编写了"文化服饰大全"丛书。

针对服装行业不同细分领域，与之配套的有以下五套教程：

《服饰造型讲座》是教授广义的服饰类专业知识及技术，培养最广泛领域的服装专业人才的讲座。

《服装（产业）生产讲座》是对应于培养服装生产产业的专业人员，包括纺织品设计员、采购人员、营销人员（企划人员）、服装设计师、服装打板师及生产管理专业人员的讲座。

《服饰流通讲座》是服饰流通领域中的专业教材，主要针对造型师、买手、导购员、商品展示设计师等，也称为培养服饰营销类专业人才的讲座。

上述三套教程作为基础教程是相互关联的。此外，由色彩、时装画、服装史、服装材料等专业知识组成的《服装相关专业讲座》，是进行服装设计时作为总体概念要考虑的重要因素。另还有学习关于帽子、包、鞋子、珠宝、饰品等专业知识和技术的《服饰工艺讲座》。总共有五套主要教程。

《服饰造型讲座（修订版）》这套教程是学习与服装相关的综合知识及制作工艺技术，以及启发创造力和对美的感受性的培养。首先要学习服装造型的基础知识，通过学习各品类服装的制作，系统掌握各种基本服饰的造型知识，然后再加以应用。

此外，如果想要更深层地进入服装产业，需要有相当高的专业知识及技术能力。

基于"制作就是创造商品"的意识，如果想要学习和钻研服装技术，就请仔细研究与阅读此讲座。

# 目录

# 第1章　外套 ················· **15**

# 第2章　背心 ························· 159

# 前　言

　　时装产业越来越广泛地深入人们的生活。作为时装产业的一部分，成衣产业涉及的范围也很广。对于从事这一产业的人们来说，掌握服装制作的相关知识是必需的。

　　近年来随着人们生活方式的改变，日本人的身高普遍增高，尤其是年轻女性的体型发生了很大的变化。制作服装时必须考虑到这些实际情况。

　　在重新编辑"文化服饰大全"丛书时，文化服装学院对"服装制作的测量项目"进行了独家研究，并以学生为实验对象进行了人体测量。另外，对不同尺寸的原型进行了着装实验后，修订了以年轻女性为对象的原型及标准尺寸。同时针对这个年龄层次的制图方法进行了重点研究。

　　《服饰造型讲座（修订版）》这套基础教程共分5册，由《服饰造型基础》以及以服装品类来划分的《裙子·裤子》《女衬衫·连衣裙》《外套·背心》《大衣·披风》组成。

　　《外套·背心》一书是以初次设计与制作外套和背心的人为对象来进行介绍的。主要内容包括外套和背心的历史变迁、种类以及相应设计之作图理论、试样补正方法、样板操作方法、样板制作、实样制作及部件缝制等。

　　实样制作以基本的单排和平驳领西服为例，运用大量的图例对假缝方法、试样补正、样板检查要点，以及产业化工业样板制作、缝制工艺流程等进行了通俗易懂的介绍。

　　衷心希望所有学习服装制作并以成为专业人士为目标的人们能够从这本书中学到专业的知识与技术，借此提高自己的专业能力。

套装的搭配

套装的搭配

# 文化式样板制作

文化服装学院长年从事日本成年女子的体型研究，在平面制图方面自成一系。

文化式平面构成方法以文化式原型为核心。文化式原型是利用文化原型人台（立裁）得到的、包含女性基本体型特征的、最简单的平面图形，通过将原型的轮廓展开，可以非常快速地得到（款式的）平面制图

## —— 文化式成年女子原型的特征 ——

① 只需要胸围、背长、腰围三个尺寸完成自己的原型制图；

② 通过分散或转移肩省、胸省及移动腰省，可以完成各种造型的结构设计。

### 原型的形状和省道作用

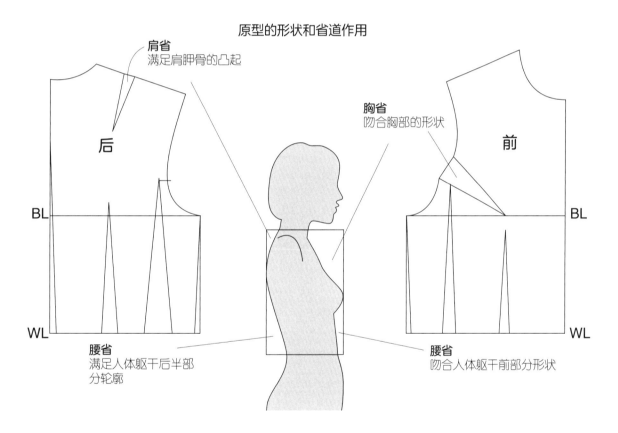

肩省
满足肩胛骨的凸起

胸省
吻合胸部的形状

后

前

BL
BL

WL
WL

腰省
满足人体躯干后半部分轮廓

腰省
吻合人体躯干前部分形状

在服装的制作过程中需要使用合体的原型；

本书后有原型的制图方法。实际制图过程中的原型需要根据个体体型进行修正。

《服饰造型讲座①——服饰造型基础（修订版）》中对于文化原型的构成理论、原型的补正方法有详细的说明。

# 原型上的位置名称

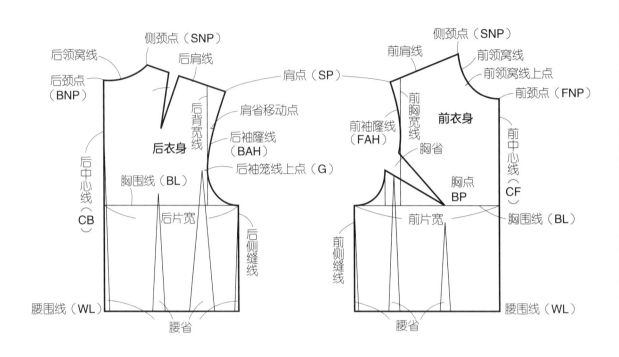

后衣身

侧颈点（SNP）
后领窝线
后肩线
后颈点（BNP）
肩点（SP）
肩省移动点
后背宽线
后袖窿线（BAH）
后袖笼线上点（G）
胸围线（BL）
后中心线（CB）
后片宽
后侧缝线
腰围线（WL）
腰省

前衣身

侧颈点（SNP）
前肩线
前领窝线
前领窝线上点
前颈点（FNP）
前胸宽线
前袖窿线（FAH）
胸省
胸点 BP
前中心线（CF）
前片宽
胸围线（BL）
前侧缝线
腰围线（WL）
腰省

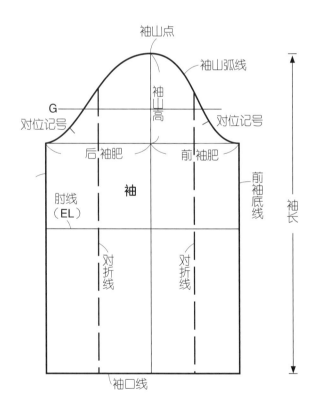

袖

袖山点
袖山弧线
袖山高
G
对位记号
对位记号
后袖肥
前袖肥
前袖底线
肘线（EL）
对折线
对折线
袖长
袖口线

# 第1章

# 外　套

# *jacket*

# 1.1 关于外套

## 1.1.1 外套的定义

外套是长度及腰或臀、前开口上装的总称。其款式变化丰富，是男女都能穿的品类。

外套的造型最早是 14 世纪的男子服，为贴身的短上衣，又被称为科塔尔迪。用同一面料制作的外套、背心、裤子的组合称为套装，这类套装作为现代绅士服的代表款出现在 19 世纪末。

外套是起源于男装，并在男装领域得到发展的上装。女性着外套是在 19 世纪中叶，在那时外套的称呼得以普及。

## 1.1.2 外套的变迁

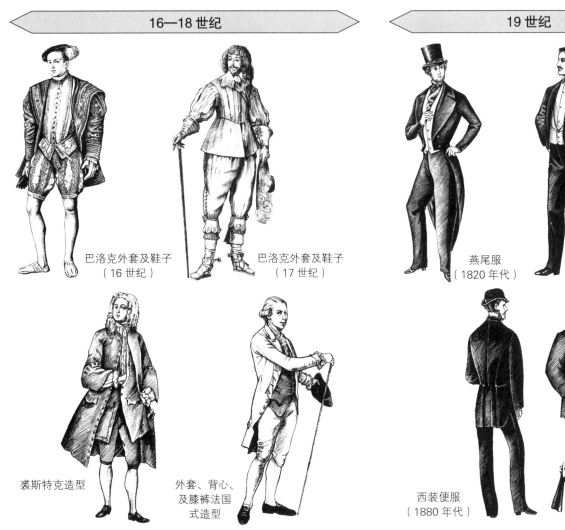

科塔尔迪作为外套的原型随着时代的变迁而变化，其造型、称呼也在发生变化。15 世纪时，从肩到胸有东西系着，臀围附近则层次较多。17 世纪后半叶，大衣型的裘斯特克造型成为当时男性的代表款。大衣、外套、裤子用相同面料制作的套装形式也在那个时代出现。18 世纪，洛可可时代必定是大衣式的长外套、背心、及膝裤组合的法国式造型，刺绣、纽扣等装饰性强的华丽感的装束。

进入 19 世纪后，在产业化快速发展的英国，能够生产出优质的羊毛面料，因此裁缝技术也得以快速发展。19 世纪以来，英国伦敦也就成为了男装中心。直到现在仍在穿着的燕尾服、休闲西装、由翻领和驳头组成的驳折领上装也登场了。

在 19 世纪，一方面大部分女性着装是以连衣裙形式为主，而另一部分上层阶级女性们，为方便骑马都是穿着外套与裙子组合的套装。19 世纪中叶以后，随着女性活动范围扩大，除了考虑工作和运动的实用性外，女装中也设计了有利于穿脱、方便活动的两件套款式。

进入 1880 年后，流行后裙撑式的西装。19 世纪末，流行 S 形的西装与裙子，且里面配衬衣的造型，是由鲁道夫和克里多设计师们设计的。

后裙撑式套装　　　　　S 形曲线的套装

西装式套装
（20 世纪初）

西装
（1910 年代）

军装风的西装
（1940 年代）

进入 20 世纪后，根据社会背景的不同，男性服装变得多样化。从日常穿着的西装到正式场合穿着的燕尾服，都符合了服装穿着的 TPO（时间、地点、场合）原则。此外，第二次世界大战后，各个领域中女性的社会地位逐渐在转变，进入社会的机会增加了。女性穿着西装和裙子的组合套装，从而成为她们工作

和日常生活的固定着装。面料则从休闲的到传统的，呈现多样化。

1960 年伊夫·圣·洛朗发表的裤子式套装则丰富了套装的款式，穿着者可以根据穿着特点及个人爱好进行自由选择。

# 1.2 外套的名称、款式、面料

## 1.2.1 根据形态命名

有按外套与不同下装组合的套装名称来命名的。

### 平驳领西装（Tailored jacket）

像男式西装那样，感觉精致、硬朗。最初是因为在男装的裁缝店定做，有裁缝定制的西装的意思，因此而得名。

该款式是西装基本形，穿用范围也比较广。

### 单排扣西装（Single-breasted）

左右前衣身叠合，通过 1 列纽扣组合的上装。

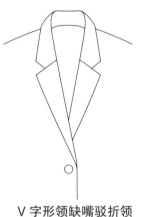

V 字形领缺嘴驳折领
（notched lapel collar）

有领缺嘴的衣领。
串口线为直线、驳头上部
角向下的衣领。

### 双排扣西装
（Double-breasted）

左右前衣身叠合多，通过两列纽扣组合的上装。

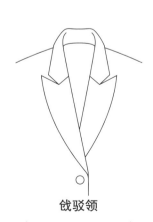

戗驳领

（peaked lapel collar）

驳头上部角向上、像剑一样的锐角的衣领

### 火焰色西装（Blazer）

宽松轮廓的运动型西装。钉有金属纽扣、装饰用徽章等比较常见。

火焰一词出自英文"blaze"，"即将燃烧的色彩"的意思，由剑桥大学赛艇比赛时穿的红色西装得名而来。

## 长披风外套（Inverness jacket）

　　带有披肩的上装或披肩式的上装。

　　由苏格兰的 Inverness 地方男性防寒用服装得来。

## 开襟毛衣式外套（Cardigan jacket）

　　前开口、用纽扣固定，圆领口或 V 形领口的无领上装。

　　Cardigan（开襟羊毛衫）一词源自克里米亚战争期间活跃人物 Cardigan 伯爵，因常穿这种款式的编织毛衣而得名。

## 披肩式外套（Capelet jacket）

　　与装有能盖住肩部的短小披肩的上衣组合起来的上装。

　　肩部因为有两层，所以比较保暖，可防寒。

## 游猎式外套（Safari jacket）

　　以狩猎家、探险家的服装为灵感而设计的款式，呈直线型，具有机能活动性的外套。带有大贴袋、肩章、腰带等装饰特征。与裙裤、百慕达裤子及带有大折裥的裙子的组合搭配比较多。

## 衬衣式外套（Shirt jacket）

衣领、袖口、前开口部分等类似衬衣风格的上装，与裙子或裤子组合的休闲风格的外套。

## 斯潘塞外套（Spencer jacket）

较合体、衣长较短的外套。

19世纪初期，英国的斯潘塞（Spencer）伯爵首次穿着这样的上衣，由此而得名。

## 跳伞装（Jumpsuit）

上装与裤子连在一起的套装，是从飞行服中跳伞部队服得到启发。即使跳跃也不困难，因此而得名。从休闲的衬衣风格到大圆领女背心的传统风格都有。

## 夏奈尔套装（Chanel suit）

由法国设计师夏奈尔(1883—1971年）设计的套装，在当时属运动型风格，现在则更被认作优雅风格。

典型的造型是开襟毛衣风上装与及膝裙组合的套装。无领、安装四个口袋、镶边、装饰扣、里料为衬衣类里料等特征。夏奈尔套装的表现，仅限于夏奈尔公司的套装。

## 细长上装（Tunic suit）

与弱化臀部外形的细长形长上装组合的套装。

Tunic 是古罗马时期的长衬衫式内衣，现在则指衣长超过并包覆臀部的衣服。

## 诺福克上装（Norfolk jacket）

后衣身加入了约克和褶裥，腰处用相同的布料做的腰带，只装在后面或者一直装到前面，是具有功能性的西装。从19世纪末到20世纪初，在英国被用于狩猎、打高尔夫、骑自行车，常以诺福克州名和诺福克伯爵名来统称这类服装。

## 作战上装（Battle jacket）

像战斗服一样，口袋多，衣长及腰，前开口处为暗门襟形式的拉链的外套。

常被年轻人作为骑自行车用和休闲上衣穿着。

## 腰部有装饰短裙状的外套（Peplum jacket）

上装在腰到臀部间装有裙子状的款式造型，这个部分可采用荷叶边或折裥，这类有分割线的上下组合起来的外套。设计者的灵感来源于古希腊女性披在肩上的服装（Peplos）。

### 束带式外套（Belted jacket）

上装通过腰带束腰来穿着的套装，在侧部或后部装有腰带的西装。

### 骑马装（Riding jacket）

骑马服，上衣的长度隐藏住了臀部，为与裤子的臀部隆起相吻合，增加下摆宽度，形成了整个造型。后中心或摆缝处加入了很长的衩，适合骑马用。

## 1.2.2 根据面料命名

**针织外套**（Knitted jacket）

用编织物或针织面料做成的外套。

**皮革外套**（Leather jacket）

用皮革做的外套，用以防寒或者四季搭配穿着。

## 1.2.3 关于面料

可根据外套的款式、穿着目的来选择颜色、花型、编织方式。

若为设计有很多分割线的款式时，可选择素色或者比较简洁的面料；若为基本款式时，选择组织结构和花型变化的面料是普遍的做法。

正规的外套面料有法兰绒、粗花呢、华达呢、双层乔其纱（双层女衣呢）、开司米（羊绒）、驼丝锦、中厚型精纺毛织物、法国斜纹（卡其）。

另外，还有陆续开发的各种化学纤维面料供选用。

# 1.3 西装外套的设计与制图

## 1.3.1 关于西装外套的原型省道分散

● 文化式原型是为了符合人体而加入了省道的合体造型。

● 根据轮廓造型、垫肩厚薄情况来调整原型的肩省和胸省。

● 做西装的样板时，要将省道的一部分分散到袖窿处、领窝处。

● 虽然应以符合躯干腰部轮廓来调整腰省省道，但省道的位置和量的平衡不要作太大的变动。

这里就原型胸省和肩省的分散方法进行说明。

1）加垫肩的情况下，必须给出因垫肩厚度而需要的松量。后衣身通常将肩省的一部分分散到袖窿处。前衣身则将胸省的一部分分散到袖窿处，并在肩点处加出不足的量，且保证前袖窿的松量不大于后袖窿的松量。

2）肩省处理要根据分散量作如下处理：

（A）垫肩薄（垫肩厚度为 0.5cm）、有后肩省时

把肩省的 1/3 分散在袖窿处，把胸省的 1/4~1/5 作为袖窿的松量分散。衣身宽松量比较少的时候，胸省就按原型，垫肩量则在肩点处加出。

（B）垫肩厚（垫肩厚度为 1~1.5cm）、无肩省时

把肩省 2/3 分散在袖窿处，把胸省的 1/3~1/4 作为袖窿的松量分散，与后面的分散量的差在作图上追加在肩点处，调整并平衡前后袖窿尺寸。

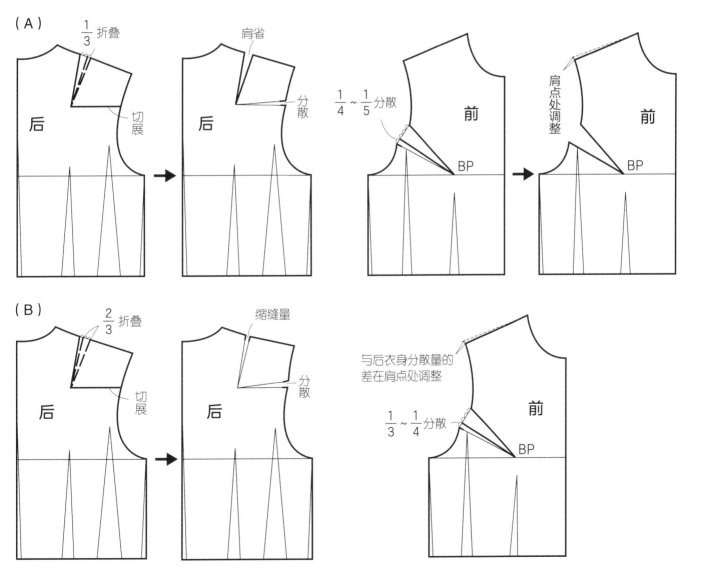

（作图及面辅料用量以文化服装学院女学生参考尺寸的标准值为基准。）

## 1.3.2 单排扣／平驳领西装

单排扣／平驳领西装是最基本的西装款式，可根据里面穿着的衬衫、背心或是下装进行搭配，从休闲到正式，不拘泥于流行，穿着范围比较广。

面料可采用中等厚度、易熨烫、便于塑型的精纺毛料、法兰绒、粗花呢、双层乔其（双层女衣呢）等，比较适合初学者。

色彩宜选用中间色或稍许深一点的颜色，而明亮色则因为会隐现出衣身缝份和衬的形状、口袋布等，所以要避免选用为好。

用料：

面料　　幅宽 150cm　用量 170cm
里料　　幅宽 90cm　　用量 230cm
黏合衬　幅宽 90cm　　用量为前衣身长×2+15~20cm
垫肩　　厚度 0.8~1cm

### 原型省道处理

#### 后衣身

因为是加入垫肩的造型，所以肩省的 2/3 转移到袖窿，剩下的省量为缩缝量。

#### 前衣身

为使前后袖窿的平衡不变，应将胸省的 1/3~1/4 作为袖窿的松量，剩下的省量转移到肩部及领窝处。转移到领窝处的量作为驳头部分的松量。

转移到领窝处的量，可根据驳头的长度来确定。驳头越长，省量就越大。

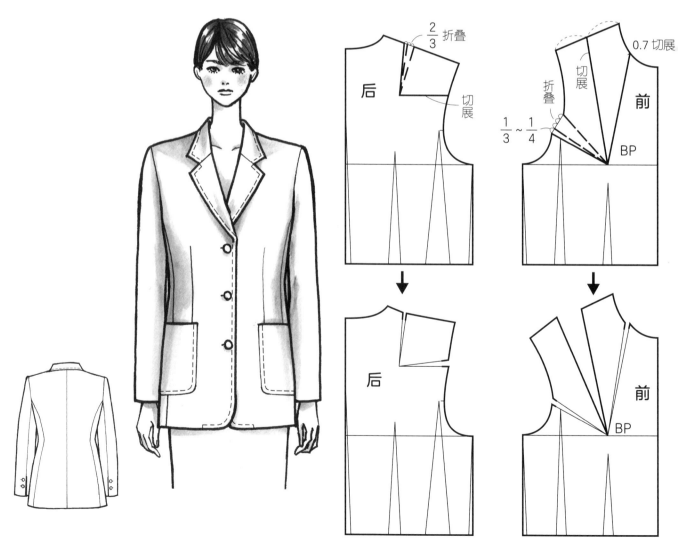

## 作图要点

### 衣身

● 由前衣身、侧衣身、后衣身三面构成。前后原型在侧缝处加 1.5cm 松量，前/后腰节线要水平对齐，呈稍高腰的造型。

● 作上装衣长线、臀围线及后中心线。

● 为使西装领后领窝处穿着稳定，后颈点处上抬 0.3~0.5cm。

● 作肩线。前肩端点处加上垫肩厚度量。

● 后袖窿处加出背宽的运动量，前袖窿线也比原型袖窿线稍考虑些许胸宽松量。

● 找到胸宽线与背宽线的中点，往前衣身方向偏 1cm 为对位记号点。

● 后片刀背分割缝与原型腰省 d 处于同一位置，与臀围线上的点相连。

● 驳折止点处于 BL 线与高腰节线间距的三等分处。

● 前衣身的刀背分割缝，处于袖窿底部对位记号点与原型胸宽线的 1/3 处，吸腰量为原型腰省 b 量的 1/2。

● 三面构成作图时，臀围的成品尺寸不足量（ ● ）要在前衣身刀背分割缝处加出。

● 转移到肩部的胸省，将其转移到领窝处。连接串口线上驳折线与串口线的交点与领窝转折点的中点与胸围线上 BP 点前偏 1.5cm 处的点，作为剪切拉展线。

● 若剪切拉展线往中心方向偏移，则省道可隐藏于驳头下方；若移动过多，则越偏离 BP 点，胸省的效果就没有了（胸部的立体感就无法表现）。

● 向领窝处移动的省量大时，省止点离 BP 点近；省量小时，离 BP 点位置远，能表现自然的胸部立体感。（参照第26 页）

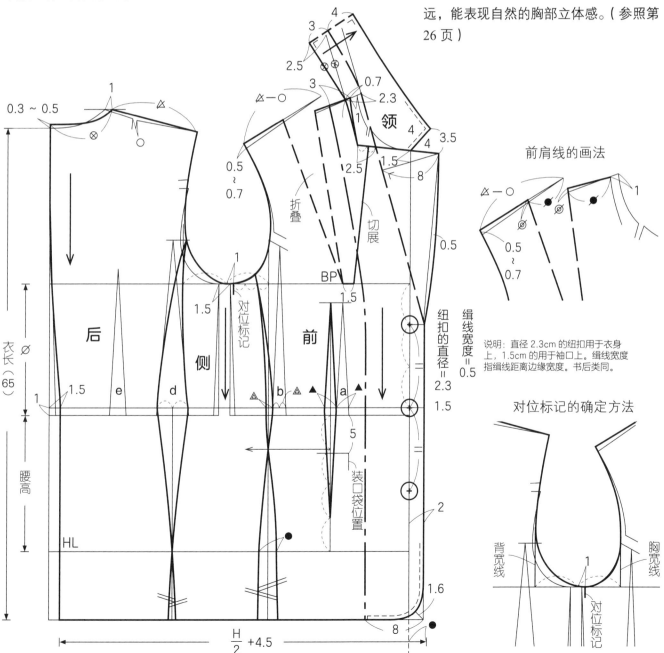

前肩线的画法

说明：直径 2.3cm 的纽扣用于衣身上，1.5cm 的用于袖口上。缉线宽度指缉线距离边缘宽度。书后类同。

对位标记的确定方法

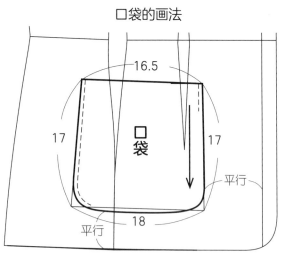

口袋的画法

16.5

17 □袋 17

平行

平行 18

口袋在分割线缝合状态下，与前中心及下摆平行地作图

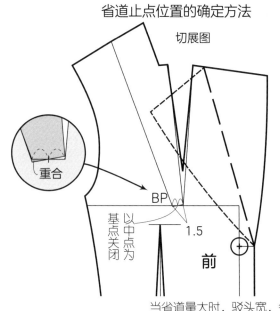

省道止点位置的确定方法

切展图

重合

BP

以中点为基点关闭

前 1.5

当省道量大时，驳头宽，省道就长

## 领

**西装领的制图原理：**

● 前后的肩线合并对齐，从肩线延长线上 A 点开始量取侧领座高，连接驳折止点得到驳折线，在衣身的样板上画出领的形状。在后中心处作出领座高及翻领宽尺寸，并与前领处弧线连顺，得到后领外弧线长度（▲）。（图 1）

● 以驳折线为对称轴，将驳头和前领的设计线反转描画出，从 A 点开始与驳折线引平行线，取后领窝尺寸，并作垂线取后领座及翻领尺寸，与前领连接。（图 2）

● 压住 A 点，逆时针旋转直至后领外口尺寸满足▲止（图 3）。逆时针旋转的量即为西装领的倾倒量。

● 画顺领外口线。（图 3）

**西装领的作图顺序：**

① 前衣身的侧颈点进去 0.7cm 的位置为 A 点，延长肩线，从 A 点开始取侧领座尺寸，与驳折止点相连画驳折线。这里的 0.7cm 数值可根据设计要求进行增减。

② 作驳折线的垂线，定出驳头宽，作出驳头及前领窝线。

③ 过 A 点与驳折线平行地画线，取后领窝尺寸。

④ 以 A 点作为基点把后领窝尺寸（⊗）作为半径画弧线。在这条线上取倾倒量尺寸（2.5cm），与 A 点相连。

作这条线的垂线，取后领座尺寸（3cm）和后翻领宽（4cm）。

⑤ 确定前领宽、画顺领外口线、前领窝线。

**图1**

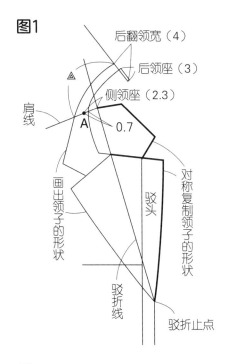

后翻领宽（4）

后领座（3）

侧领座（2.3）

肩线

A 0.7

画出领子的形状

对称复制领子的形状

驳头

驳折线

驳折止点

**图2**

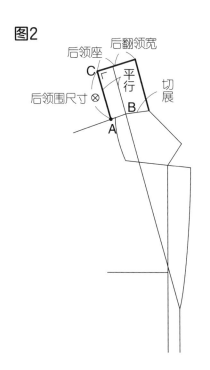

后领座 后翻领宽

C 平行 B

后领围尺寸⊗ 切展

A

**图3**

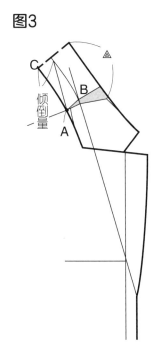

C B

倾倒量

A

## 袖（两片袖）

由大袖（手臂外侧）和小袖（手臂内侧）组成的2片袖，主要用于外套、大衣等服装上。因由2片纸样构成，能满足手臂往前方向的形态。

**袖子的作图顺序：**

① 定袖山高。

描画出前后袖窿形状。从袖窿底点处的对位标记点开始作铅垂线，该线即袖山线。从前后衣身肩端点高低差的中点到BL线间高度的5/6为袖山高。

② 作袖长线、EL线。

从袖山开始作袖长尺寸 + 6cm。这个袖长尺寸是到手腕的长度，西装的袖长比它长3~6cm。EL线是从BL到原型的WL的长度。

③ 定袖山顶点，作前后袖山辅助线。

为了使袖子向前偏，从袖山线往后衣身方向移动1cm处作为袖山点。从袖山点到BL线上量取前AH尺寸，后AH尺寸 +1cm。分别将前后袖肥二等分，并作垂线连接到袖口。

④ 画出袖山形状及袖身轮廓线。

将衣身袖窿底部曲线向两端对称拷贝，袖山弧线光滑连顺。袖口尺寸为"（袖肥/2）×（3/4）"左右。确认袖山的缝缩量。袖山缝缩量为AH的6%~8%比较合适。

⑤ 分离大袖与小袖。

前袖缝偏移量为"⋈"尺寸的1/3左右。后袖缝偏移量与袖衩、育克分割、设计等有关。外袖以成型袖线为对称轴进行翻折即可。

⑥ 袖口线往上8cm处为袖开衩止点；画出纽扣位置。

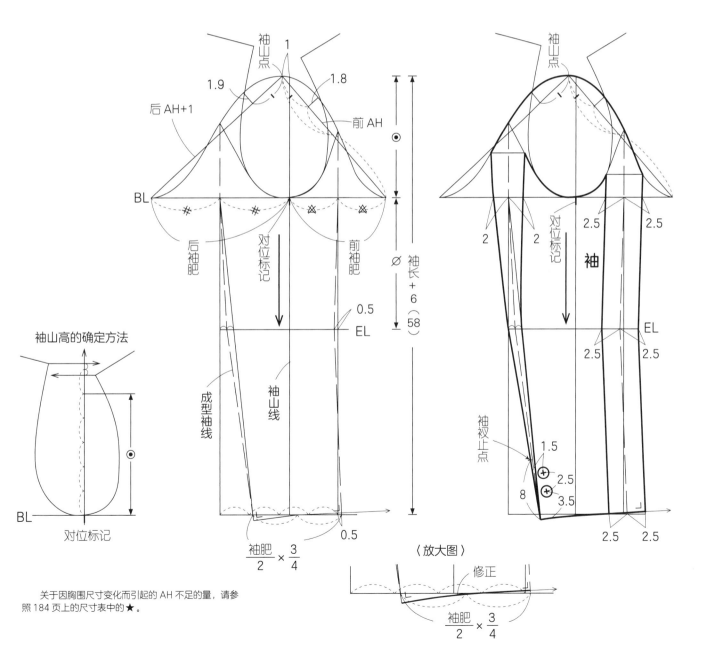

关于因胸围尺寸变化而引起的AH不足的量，请参照184页上的尺寸表中的★。

# 1.3.3 双排扣 / 戗驳领西装

比单排扣西服上装更加男性化。

戗驳领是指领嘴尖锐的造型，由于驳头上部似剑状呈锐角，从而得名。

面料采用华达呢、礼服呢、羊绒、驼丝锦等织物密度较高的比较有身骨的面料为宜。

**用料：**

面料　　幅宽 150cm　用量 230cm

里料　　幅宽 90cm　　用量 230cm

黏合衬　幅宽 90cm　　用量为前衣身长 ×2+15~20cm

垫肩　　厚度 0.8~1cm

## 部件缝制

戗驳领的缝制方法参照第 109 页。

带袋盖的挖袋的制作方法参照第 126 页。

箱形口袋的制作方法参照第 135 页。

## 原型省道处理

省道处理与单排扣 / 平驳领西装相同。

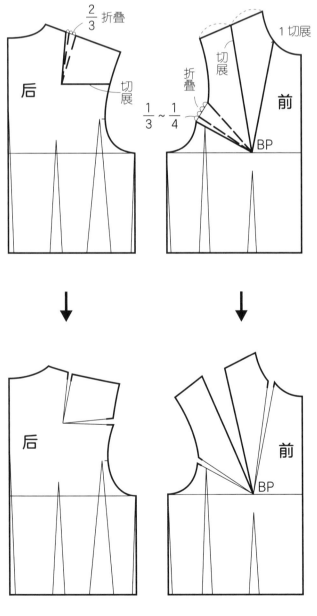

## 作图要点

### 衣身

● 衣身为三开身，可参考"单排扣/平驳领西装"画法。

● 驳折止点位于 BL 线与 WL 线间距的四等分处。

● 前衣身的刀背分割缝，从袖窿底部对位记号点与原型胸宽线之间的 1/3 等分处开始，经胸宽线与 WL 线交点，到臀围线上臀围尺寸不足量（●）的二等分点。

● 胸省的移动参考"单排扣/平驳领西装"。

● 肩缝处要加上垫肩的厚度量。

### 领

● 驳头宽。经原型的前颈点往下 4cm 处，作驳折线的垂线，在此垂线上取驳头宽尺寸得到Ⓑ点。连接Ⓑ点与原型前颈点向下 0.5cm 处，将此连线与驳折线交点处延长 2.5cm 得到的点，与颈侧点相连得到领窝线。

● 衣领的作图方法参考"单排扣/平驳领西装"。

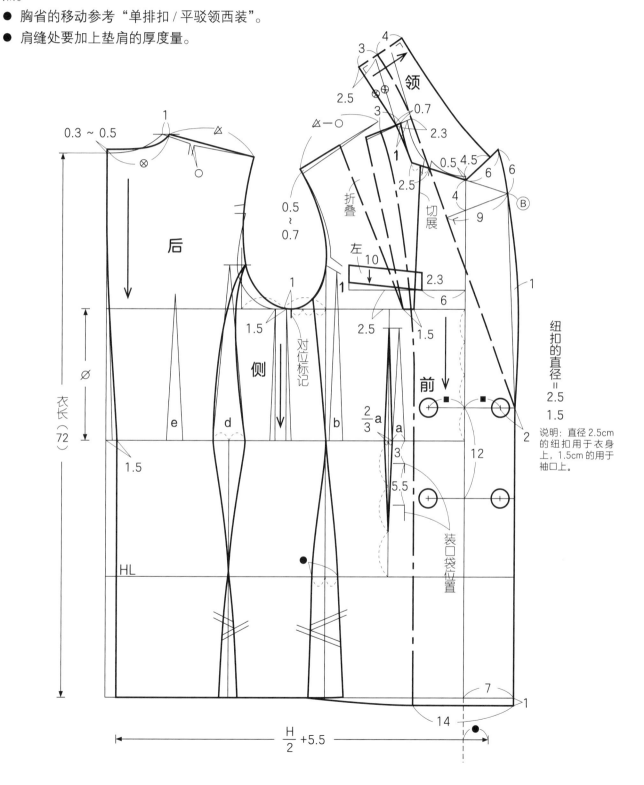

说明：直径 2.5cm 的纽扣用于衣身上，1.5cm 的用于袖口上。

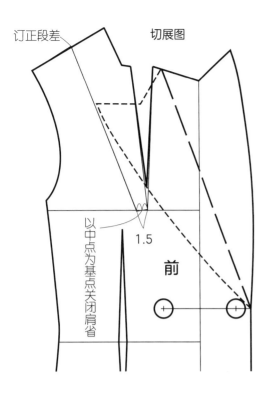

订正段差 切展图

以中点为基点关闭肩省

1.5

前

口袋的画法

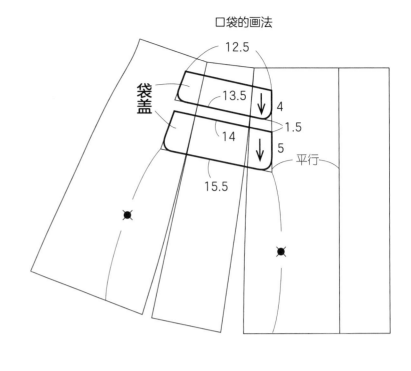

袋盖

12.5

13.5 ↓ 4

1.5

14 ↓ 5

15.5

平行

袖

● 与单排扣 / 平驳领西装的画法相同，但戗驳领 / 双排扣的西装为了更加强调男性化，根据手臂的形态更加强了袖子的方向性。

● 从袖中线向后 2cm 处作为袖山顶点，袖子的轮廓造型更符合人体手臂形态，外袖缝更靠近袖成型线。这是为了符合人体手臂形态。此外，也可以直接将袖成型线作为外袖缝。

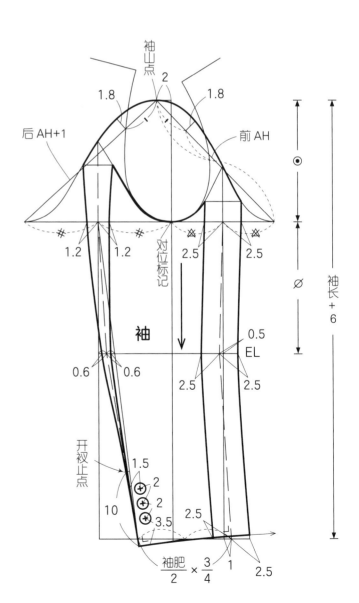

袖山点

1.8  2  1.8

后 AH+1  前 AH

1.2  1.2  2.5  2.5

对位标记

袖长 + 6

袖

0.5
EL

0.6  0.6

2.5  2.5

开衩止点

1.5

2

2

10  3.5

2.5

$\dfrac{袖肥}{2} × \dfrac{3}{4}$  1  2.5

袖山高的确定方法

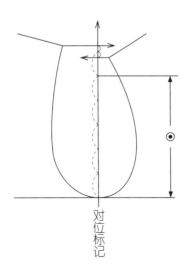

对位标记

# 1.3.4 公主线分割 / 青果领上装

充满女性气息的上衣，小巧的青果领是领面与挂面连成一体裁剪而成的。

在突现身体的曲面处加入分割线条，使其很好地贴合身体。

采用与单排扣平驳领西装相同的面料。

**用料：**

面料　　　幅宽 150cm　用量 180cm

里料　　　幅宽 90cm　用量 230cm

黏合衬　　幅宽 90cm　用量为前衣身长+15~20cm

肩衬　　　厚度 0.8~1cm

**部件缝制**

青果领的缝制方法参照第 113 页。

双嵌线口袋的制作方法参照第 145 页。

**原型省道处理**

处理方法与单排扣 / 平驳领西装相同。

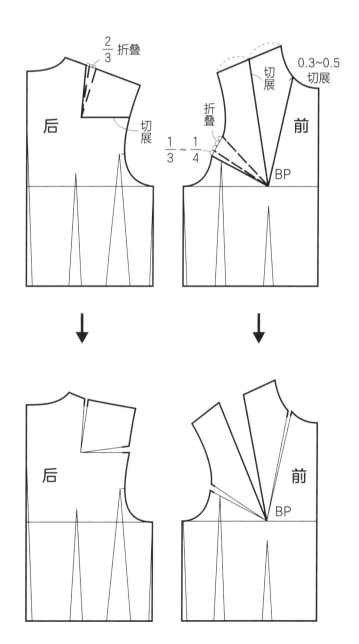

## 作图要点

### 衣身

● 由前片、前侧片、后片、后侧片 4 片组成。

● 后片公主缝是连接后肩线中点与腰省 e 的侧点而成。公主缝处省量与腰省 d 量相同。

● 前片肩线处加出垫肩厚度量。公主缝在肩线处与后片同一点，经 BP 点侧移 1.5cm 点到腰省 a 的侧点连线，WL 处省道 a 的侧点垂直向下作直线，前公主缝经过该线与 HL 线的交点。

● 前片臀围线的松量，考虑口袋布的厚度，前片加放量大于后片加放量，故公主缝在臀围线处交叉。

● 口袋位于腰省 a 的垂线与中臀围线的交点附近。

### 领

● 这种领，领面与挂面连成一体，而领里则与衣身间有分割线。

● 与平驳领一样作驳折线的垂线，定领造型及领座高、翻领宽，并分割领里与衣身。

● 纸样的制作方法见第 113 页的部件缝制（青果领）。

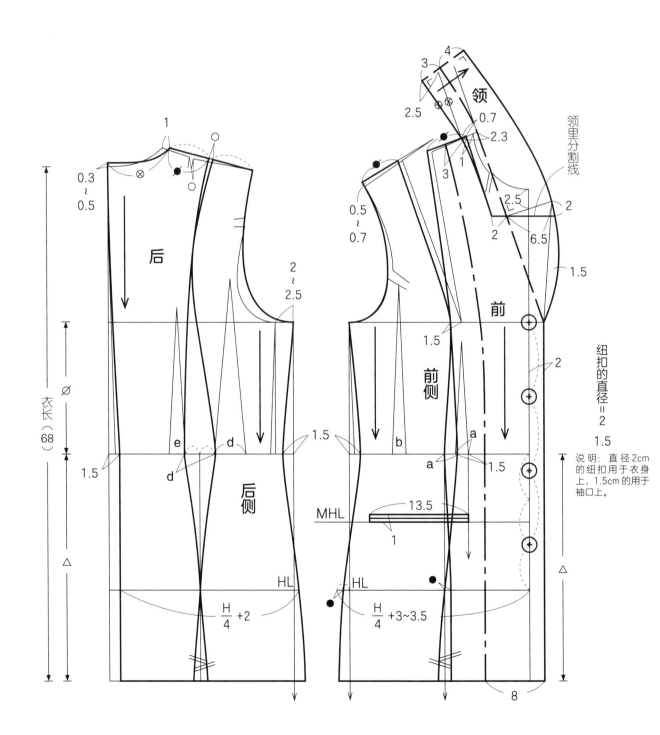

# 袖

● 与单排扣/平驳领西装一样准备并制图。

## 袖山高的确定方法

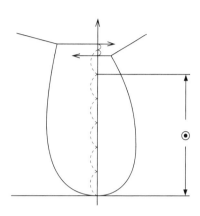

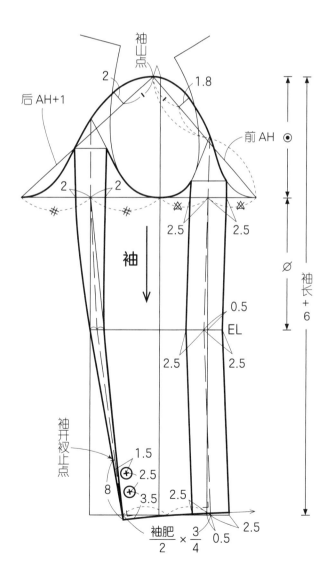

袖山点

2

后 AH+1

前 AH ⊙

2    2

2.5    2.5

袖

0.5

EL

2.5    2.5

袖开衩止点

1.5

2.5

8    3.5    2.5

$\dfrac{袖肥}{2} \times \dfrac{3}{4}$    0.5    2.5

1.8

⌀

袖长+6

## 1.3.5 刀背分割线 / 翻折领上装

设计成刀背分割线形状的、贴合身体的短上衣。

为了使翻折领与人体颈部相吻合，用分领座处理。

采用与单排扣 / 平驳领西装相同的面料。

**用料：**

| | | |
|---|---|---|
| 面料 | 幅宽 150cm | 用量 140cm |
| 里料 | 幅宽 90cm | 用量 200cm |
| 黏合衬 | 幅宽 90cm | 用量为前衣身长×2+15~20cm |
| 肩衬 | 厚度 0.8~1cm | |

### 部件缝制

翻折领的缝制方法参照第 116 页。

箱形口袋的制作方法参照第 135 页。

### 原型省道处理

处理方法与单排扣 / 平驳领西装相同。

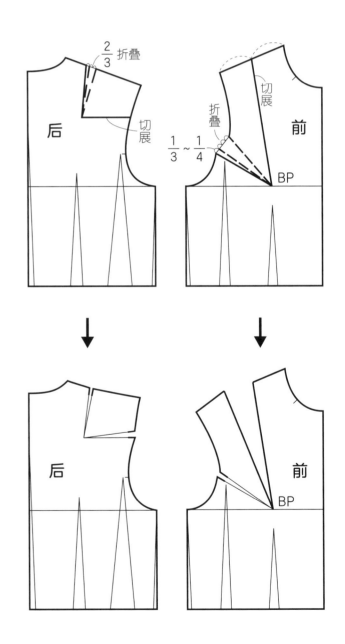

## 作图要点

### 衣身

● 由前片、前侧片、后片、后侧片四片组成。

● 后侧处追加 2~2.5cm 的松量。

● 转移到肩处的胸省量再移入到刀背分割线，根据面料的厚度、张力、硬度等具体情况，可以用缝缩量处理或加入省道。

### 领

● 要求翻折领非常贴合脖子时，或者选用的面料张力大、较硬时，要作领座分割。

● 领座位置要在翻折线下 0.7cm 处分割，如图示那样分割，然后再制作翻领、底领样板。

样板的制作方法参照第 116 页中的部件缝制"领座分切割的翻折领"。

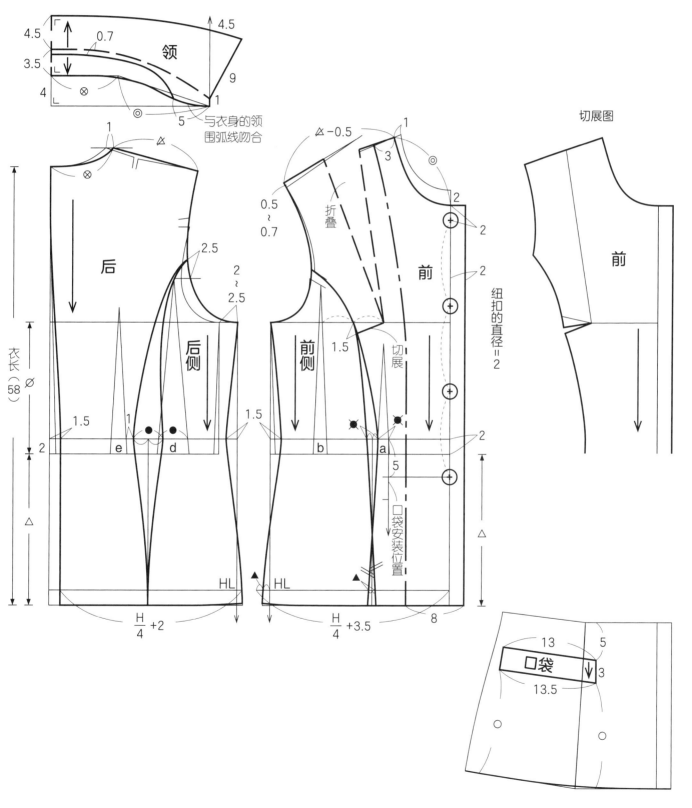

# 袖（一片袖）

● 一片袖样板主要用于有柔软感的外套上。

● 拷贝前后袖窿的形状，确定袖山高。

● 袖山线往后衣身侧移动1cm得到袖山点。从袖山点到BL线上分别量取"前AH""后AH+1cm"。

● 分别将前后袖肥二等分，并作垂线连接到袖口。

● 画出袖山形状及袖身轮廓线。

● 连接袖山点与袖窿底部对位记号点，并一直延长到袖口。

画出前成型袖线，定袖口尺寸，得到Ⓒ点。

连接袖山上的Ⓐ点和袖口上的Ⓒ点，确定ⒶⒸ连线与EL线上的交点距翻折线的中点Ⓑ，连接Ⓐ、Ⓑ、Ⓒ点，得到后成型袖线，并画出袖口。展开前袖与后袖。前袖以前成型袖线为对称轴展开，在EL线及袖口线上都是两边对称相等。

后袖在BL和EL处作袖底缝的垂线，并以成型袖线为对称轴，两边相等，得到左袖底缝。袖山弧线也可用同样方法得到，连顺Ⓐ、Ⓓ点。

从EL到袖口，以Ⓑ'Ⓒ线为对称轴进行展开。

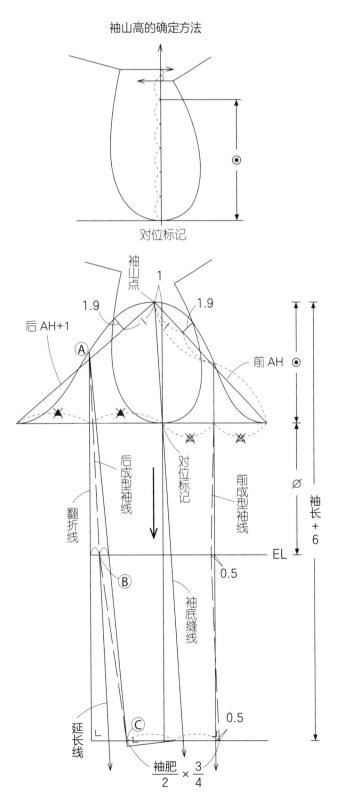

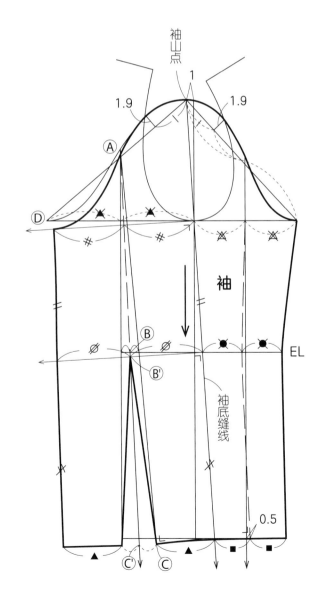

## 1.3.6 弧线型驳折领上装

腰部合体,腰线以下部分为加入了波浪的荷叶边造型,是一款表现女性柔美及优雅气质的上装。领子是领窝开得较大的驳折线为弧线型的驳折领。

袖子是在袖山处加入抽褶,是感觉非常柔美的一片袖。

面料选择中厚型的粗花呢、海力蒙等柔软的材料比较好。

| 用料 | 面料 | 幅宽 150cm | 用量 150cm |
|---|---|---|---|
| | 里料 | 幅宽 90cm | 用量 180cm |
| | 黏合衬 | 幅宽 90cm | 用量为前衣身长 +20cm |
| | 垫肩 | 厚度 0.8~1cm | |

### 部件缝制

驳折线为弧线型驳领的缝制方法参照第 118 页。

### 原型省道处理

处理方法与单排扣 / 平驳领西装相同。

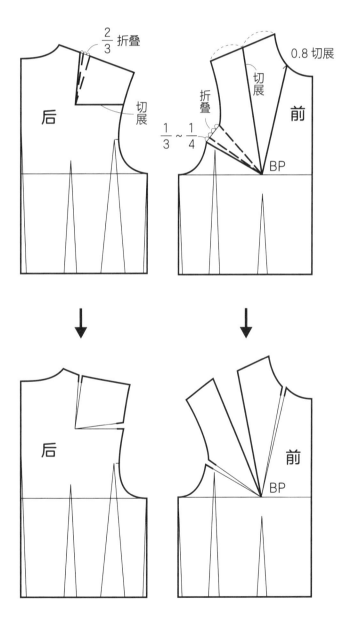

## 作图要点

### 衣身

● 因是离开颈部且较坦的衣领，所以领窝线也就开得较大。

● 后衣身的刀背分割线从袖窿开始，经过腰省d和e的中点，要连顺，衣身侧片则以与腰省d量相同尺寸为准画顺。因是泡泡袖，所以肩宽左右两边分别比原型肩宽窄1~1.5cm。

● 驳折止点位于前颈点与胸围线间距的三等分处，将侧颈点与驳折止点以直线相连，并四等分，然后画出前领窝弧线。

● 前衣身的刀背分割缝从袖窿开始，经过腰省a、b之中点，要连顺，侧片则以与腰省a量相同尺寸为准画顺。

● 前后衣身腰线以下的荷叶边造型，要将中心侧纸样与侧片纸样连在一起后再切展拉开波浪量。

● 将胸省折叠并转移到刀背分割线中。

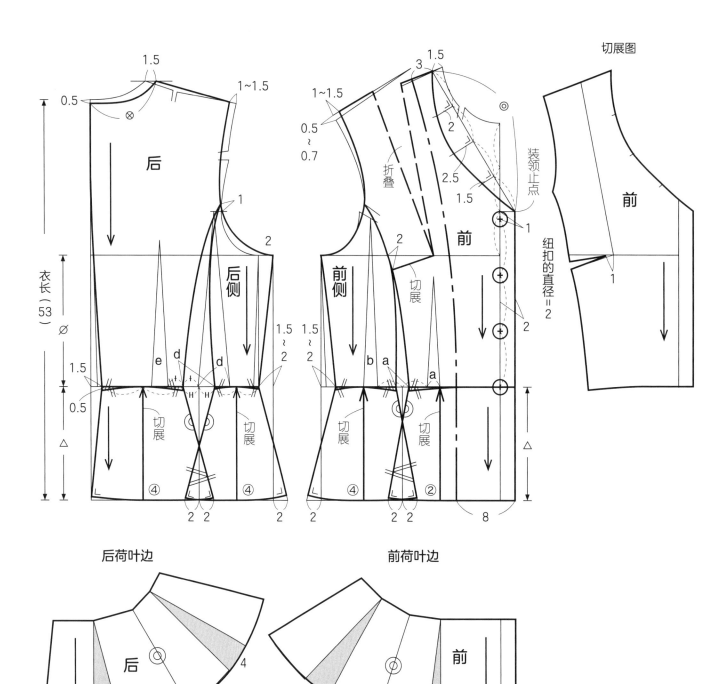

后荷叶边

前荷叶边

38

## 领

● 作图时装领线比衣身上的领窝线短。这是为了在装领时将装领线拉伸，使驳折弧线更漂亮的缘故。

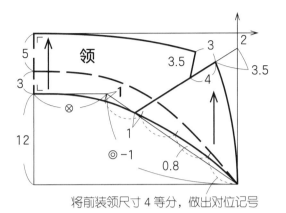

将前装领尺寸4等分，做出对位记号

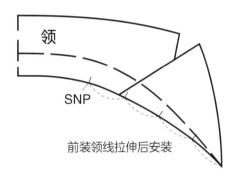

前装领线拉伸后安装

袖山高的确定方法

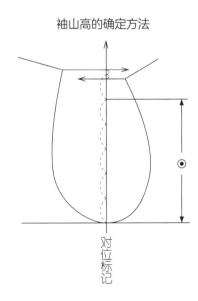

## 袖

● 同第36页，作出一片袖，并切展出折裥量。袖山点与后成型袖线间4等分并作出切展线。（第40页图1）

● 切展量根据面料厚度的不同而异。

面料厚时，要多考虑些面料的厚度。（第40页中图2）

● 以展开前的袖山线为基准来确定折裥方向。第2个折裥，按切开方向折叠会使折裥向下，应以展开前的袖山为准来画出。（第40页中图3、图4）

● 袖底缝指向EL线，用光滑的线连顺。

● 第一个折裥考虑到有0.5cm的袖山缝缩量要加进去，因此这个部分的缝缩量会变少。其他部分的缝缩量与无折裥的袖子加入的缝缩量一样。

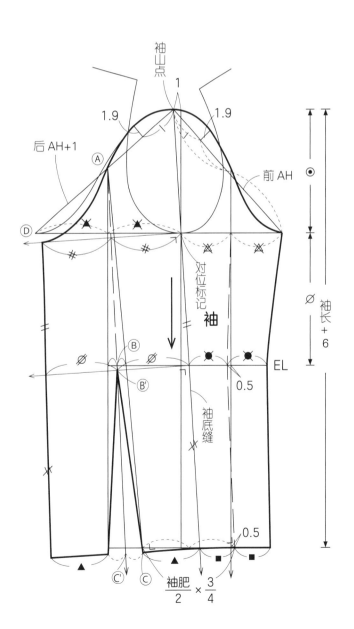

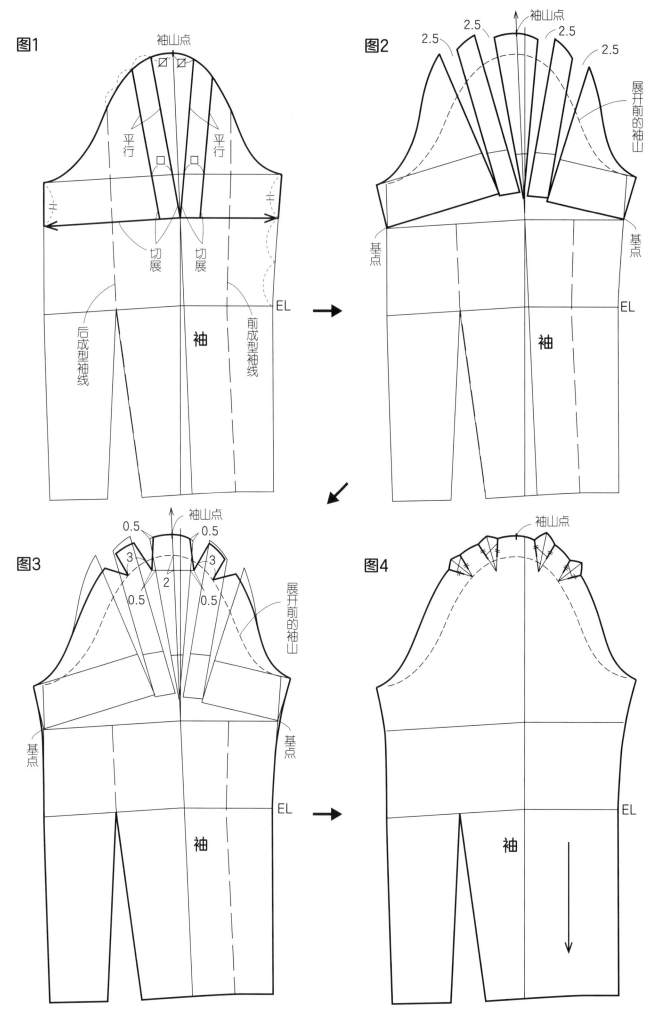

图1

袖山点

平行　　平行

切展　　切展

后成型袖线　　前成型袖线

EL

袖

图2

2.5　　2.5　　袖山点　　2.5　　2.5

展开前的袖山

基点　　基点

EL

袖

图3

0.5　　袖山点　　0.5

3　　3

2

0.5　　0.5

展开前的袖山

基点　　基点

EL

袖

图4

袖山点

EL

袖

## 1.3.7 开襟毛衣式上装

无领的箱型轮廓上衣。胸省转移到下摆,用一个省实现造型。

选择粗花呢等感觉比较柔软的面料。

**用料:**

面料　　幅宽 150cm　　用量 140cm

里料　　幅宽 90cm　　用量 180cm

黏合衬　幅宽 90cm　　用量为前衣身长 +15~20cm

垫肩　　厚度 0.8~1cm

### 部件缝制

箱形口袋的制作方法参照第 135 页。

### 原型省道处理

操作方法与单排扣 / 平驳领西装相同。

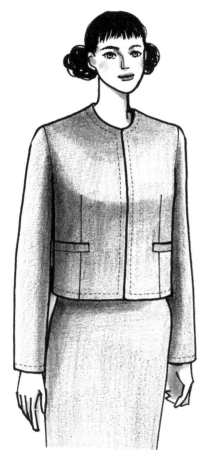

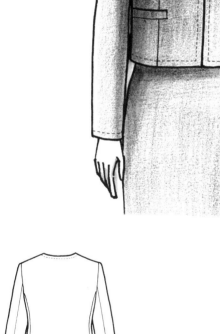

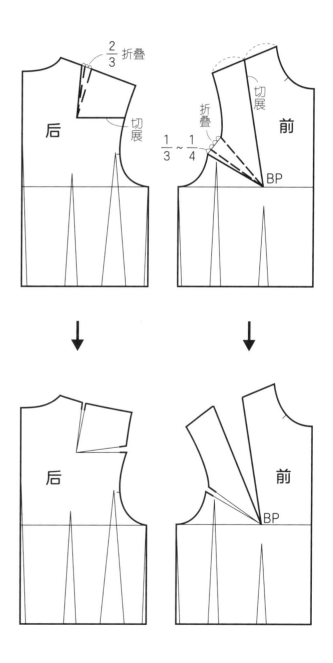

## 作图要点

### 衣身

● 两面构成的上装，侧缝向后衣身移动，前门襟处无叠门。

● 宽松的轮廓，后衣身下摆容易外翘，后中心线向侧边移动，与该线垂直作出后下摆线。

● 衣长较短的情况下，也要在臀围线处加上松量后再作图。

● 因将胸省移到了腰省处，所以侧片的丝缕变化很大。

● 臀围尺寸大时，后衣身的分割线也可在 HL 线处交叉。

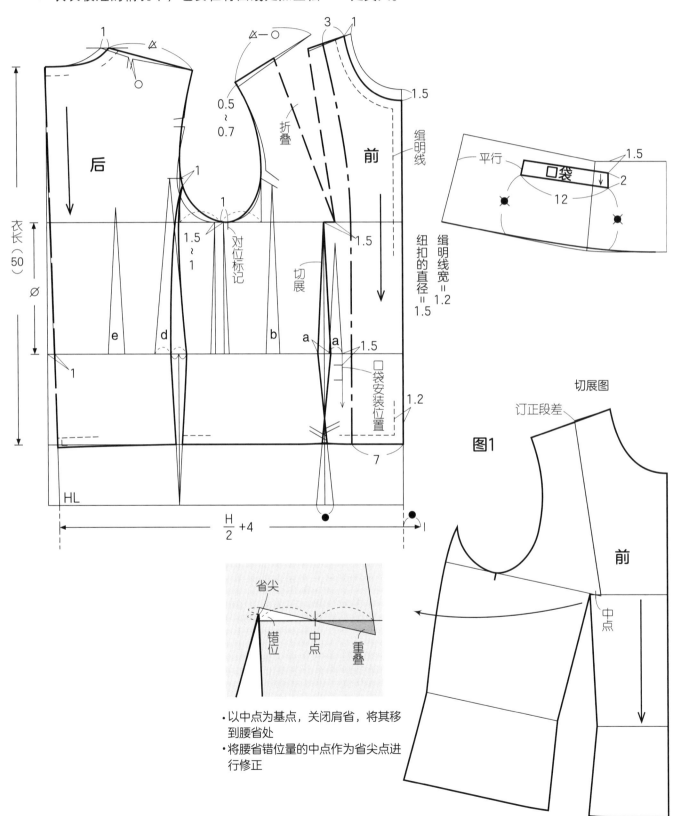

· 以中点为基点，关闭肩省，将其移到腰省处
· 将腰省错位量的中点作为省尖点进行修正

## 袖

● 与单排扣/平驳领西装一样制图，袖口装有装饰纽扣。

● 为增加小袖的运动量，也可按如图2所示操作。

袖山高的确定方法

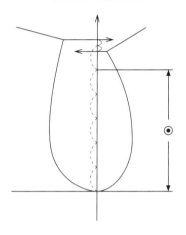

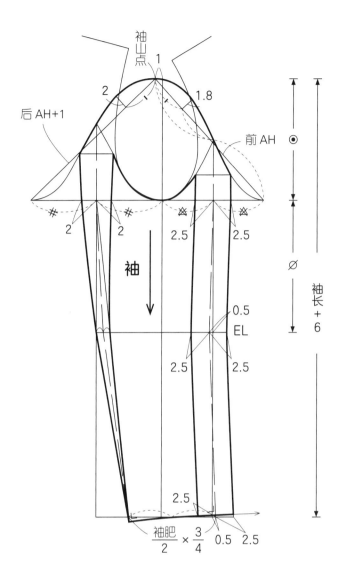

图2

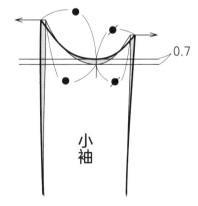

袖底向上移 0.7cm，增大袖底尺寸，从这个位置开始如图所示修正装袖尺寸。小袖的袖宽增大了。

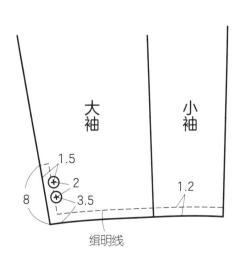

# 1.4 用白坯布假缝的方法和试样补正法

用面料裁剪前，先用白坯布制作，观察是否达到所需要的轮廓、松量，并进行补正。

## 1.4.1 样板制作

**净样板制作**

● 从制图中拷贝出各部件样板。

● 为便于将白坯布上的布纹线对齐纸样上的丝缕线，纸样上的丝缕线要画到样板的上下端。

● 在各部件样板上要标出省道、纽扣位置、口袋位置以及纸样名称。

● 分别在 BL、WL、EL、HL 处作出对位记号。

**净样板的检查**

● 前后分割线尺寸的确认。（图 1）

● 袖窿形状的确认。（图 2）

● 将前后衣身肩缝对齐，检查肩缝缝缩量、前后领窝线是否连顺，前后袖窿线是否连顺。（图 3）

● 检查下摆线是否连顺，不能出角，并进行修正。（图 4）

● 大袖和小袖的袖山要连顺。（图 5）。

● 袖底弧线的确认。（图 6）

● 袖山缝缩量的确认。（参照 46 页）

● 衣身的领窝尺寸与衣领的装领尺寸的确认。（图 7）

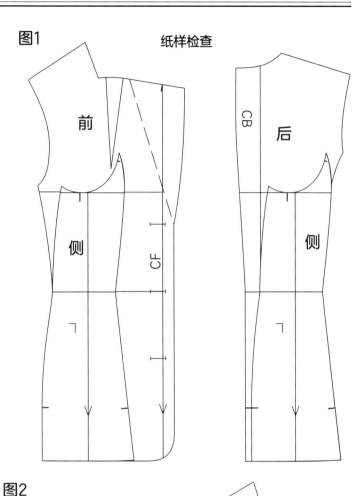

图1　纸样检查

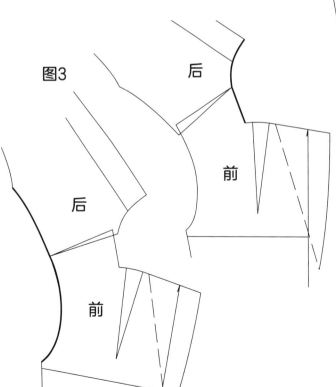

图3

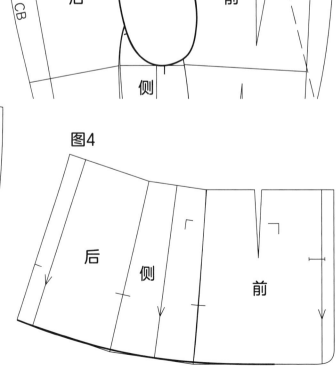

图2

图4

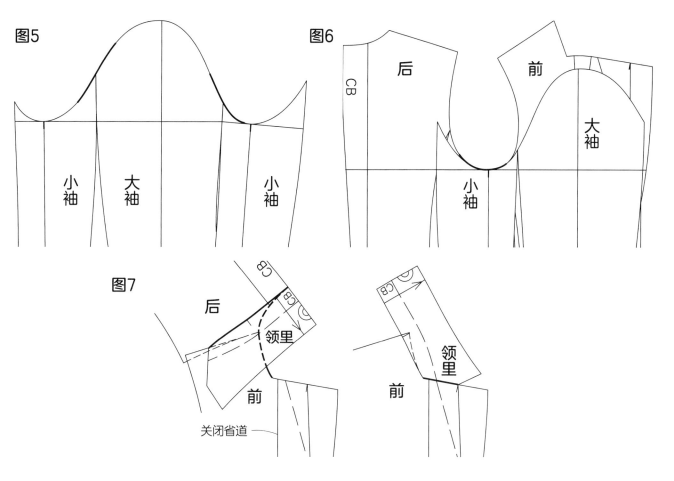

图5

图6

图7

关闭省道

## 净样板对位记号的确定方法

● 在后衣身、前衣身、侧衣身上加入对位记号。

● 在袖身和袖山上加入对位记号。

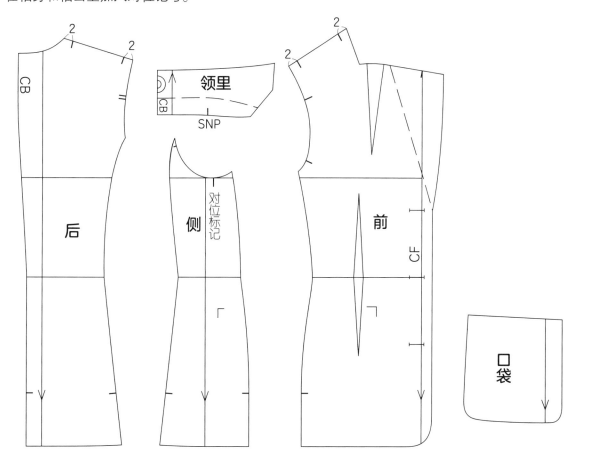

## 1）袖窿对位记号的确定方法

① 过侧衣身上的对位记号点（或是侧缝线）作铅垂线，与过 SP 点的水平线交于Ⓐ点。

② 在此铅垂线上，将Ⓐ点与对位记号点间距三等分，在上面 1/3 等分点向上 1cm 处作水平线，得到前后衣身袖窿上的对位点，分别是Ⓕ点与Ⓑ点。

③ 将下面 1/3 等分段再等分，并过等分点作水平线，得到前袖窿弧线底部的对位点。

④ 后衣身则将Ⓑ点与前后袖窿底部处的对位记号间二等分，得到后袖窿弧线底部的对位点。

## 2）袖山对位记号的确定方法

缝缩量的分配要根据面料、袖子造型的不同而不同。此处以第 24 页中的"单排扣 / 平驳领西装"为例。

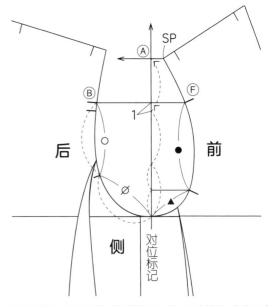

☆后衣身袖窿与后袖山弧线上的对位记号，为了区分前后，在离原对位记号 1cm 左右处又加了一个对位记号，成为两个连在一起的对位记号。

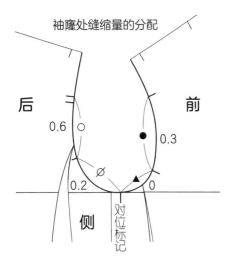

袖窿处缝缩量的分配

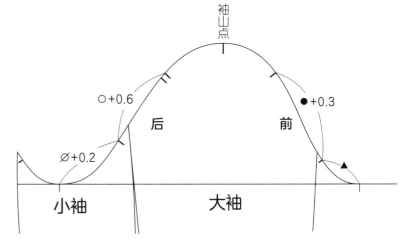

## 3）袖身对位记号的确定方法

① 将位于 BL 与 EL 间的袖山线二等分，并在等分点向下 1.5cm 处作水平线，得到 EL 线上方的对位标记。在 EL 线下方同尺寸处得到 EL 线下方的对位记号。

② 分别测量从袖山到对位记号的距离以及袖口到对位记号的距离，并在小袖片上以相同尺寸找到小袖片上的对位记号。

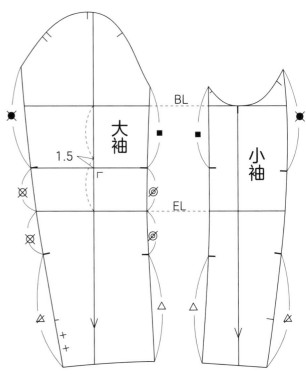

## 全夹里上装的放缝方法

　　缝份是在完成线上平行加出的。为使领窝线、袖窿线以及复杂曲线处能连顺并正确地缝合，这些地方的缝份往往需做出角度。

　　● 因要进行假缝及试样补正，为使围度及长度能够进行补正，在必要的地方都将缝份放得较大。（参见第 48 页）

　　● 刀背分割线处的放缝方法是将呈钝角侧（如图中 A）的净样线延长，与袖窿缝份线相交，在交点处作直角放缝。另一片则在延长线上找到同尺寸，作直角放缝。

放缝的方法

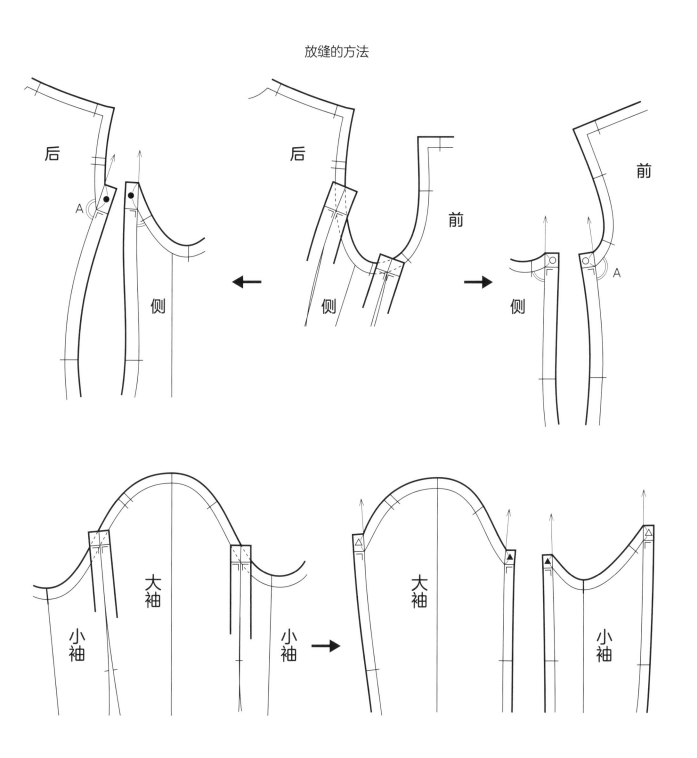

## 1.4.2 裁剪和作记号

### 裁剪

坯布是平纹的棉布，其品种有厚型、中厚型以及薄型，应根据面料的张力、厚度选择合适的白坯布。

### 丝缕归正

因白坯布两端布边处丝缕歪斜，布边两端分别裁去 2~3cm，熨烫归正丝缕。

### 作标记

将坯布纵向对折，右半身的样板在面料正面，布中央以放纸样的前中心排列为佳。

两片重叠时，在布和布之间放入拷贝纸，用滚轮或刮刀等作记号。用薄型白坯布时，将预先粗裁下的每一片坯布放在纸样上面，用铅笔描出轮廓。

**排料图**

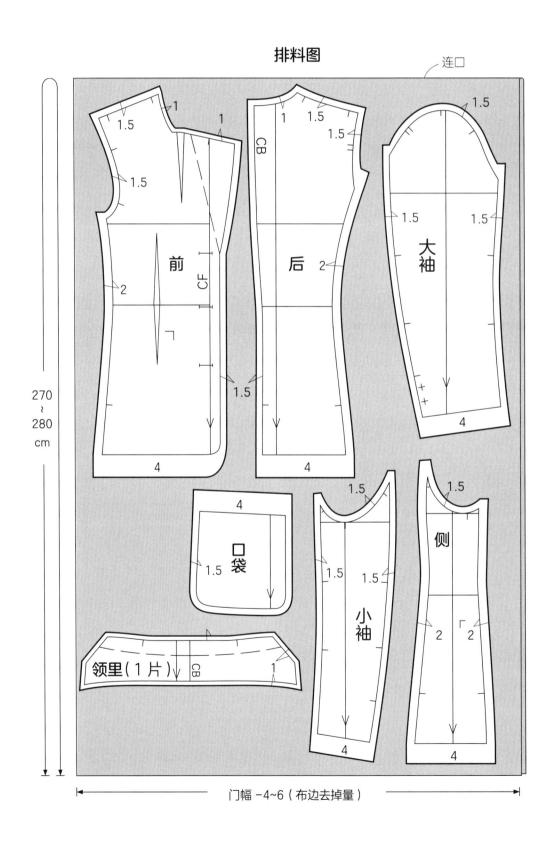

270~280cm

连口

门幅 -4~6（布边去掉量）

## 衬的裁剪和黏合

● 为了保持形态，使用薄型或中厚型的黏合衬。

● 与坯布一样，分别裁去两端布边 2~3cm，黏合衬布纹与坯布的布纹同方向吻合。衬比坯布的裁边小 0.2cm，把涂有黏合剂的一面向下，使其与白坯布重合。

● 为了不把黏合剂黏到熨斗的底板上，在黏合衬上面盖上打板用纸或描图纸，再用熨斗进行熨烫黏合。

● 熨斗要干烫，熨烫时要一熨斗一熨斗且无间隙地移动，进行压烫，以保证均匀地将坯布与黏合衬黏合。

温度一定要保持为 150℃左右。

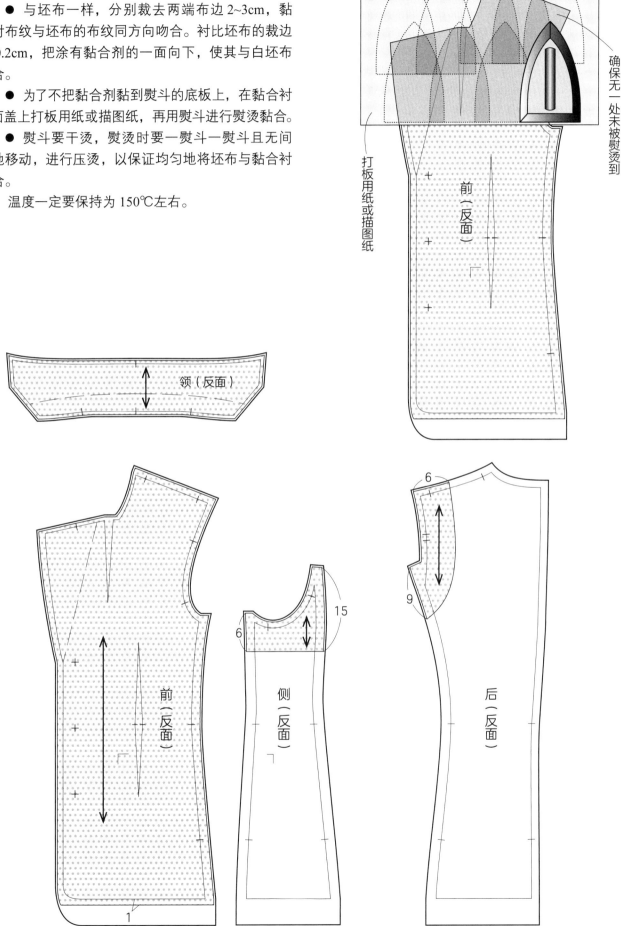

### 1.4.3 假缝

所谓假缝，是指为了试样补正而用坯布或实际面料制作造型而进行缝合起来的方法。

可用 8~9 针 /3cm 的大针距机缝，也可用单根扎纱线手缝。

**1** 领口省、腰省的缝合

将省道向前中心倒，轻轻地用熨斗压烫。坯布比较厚时省道很难被压倒，此时应从正面进行压缝。

**2** 后中心、摆缝的缝合

将侧片的缝份折叠，与前衣身和后衣身的缝迹线相拼，用大头针固定再扣压缝。

将后中心的右片缝份折叠，压在左片缝份上并车缝。

手缝时，正正相叠（正面与正面相叠合。后同。）合缝。

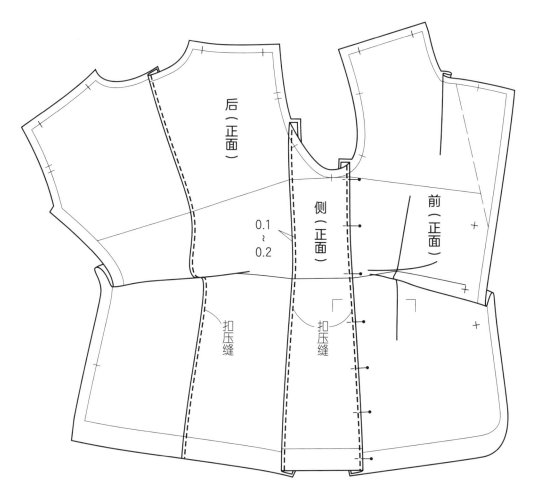

**3 前门襟、下摆折叠**

从左衣身的驳头开始，到前门襟、底边、右衣身的驳头为止，按顺序折叠后再绗缝。在前门襟圆的部分处抽细小的褶便于造型。

**4 缝合肩部**

将前后肩缝正正相叠合缝，在颈点和肩点处用大头针固定。中间处均匀分配缝缩量并用大头针固定，缝到袖窿的缝份外端为止。在缝始处和缝止处进行来回缝。

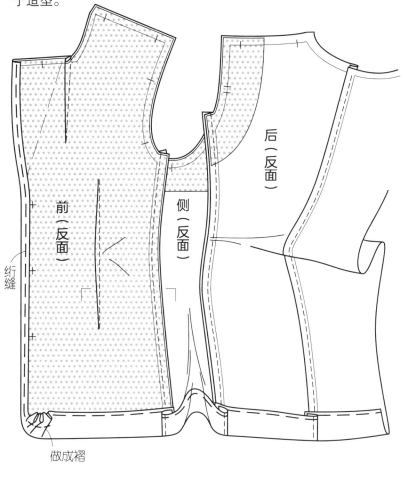

做成褶

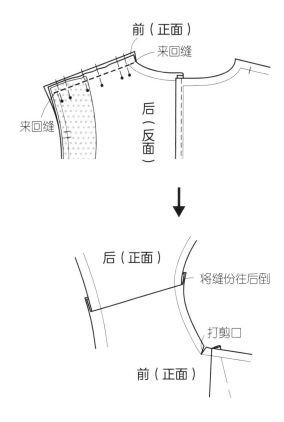

**5 做领、装领**

将领外围线的缝份倒向反面侧，装领线的缝份倒向正面，用熨斗折烫。装领要装到衣身的驳折线里侧打剪口位 A 点处为止。把领子放在衣身领窝上面，用细针距绗缝缝合。

在领串口斜线（A 点~装领止点为止）部分，把领子放入衣身的里侧进行绗缝缝合。

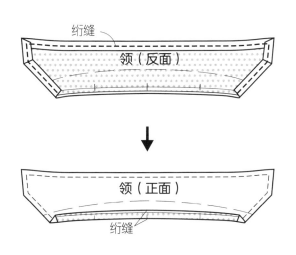

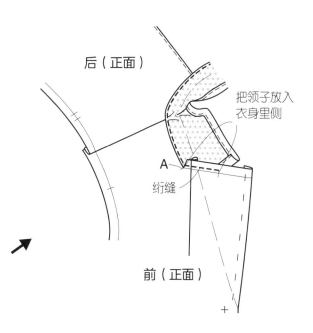

## 6 做袖

翻折大袖外侧净缝线，拼压在小袖上缉缝。

将袖口的缝份向上翻折后绗缝。

将大袖和小袖正正相叠合缝。

袖山的抽缩缝：在净缝线出来 0.2cm 和 0.7cm 的位置分别用单根扎纱线各缝一道。缝始点和缝止点的线要留长一点，两条线要一起拉伸并分配缩缝量。

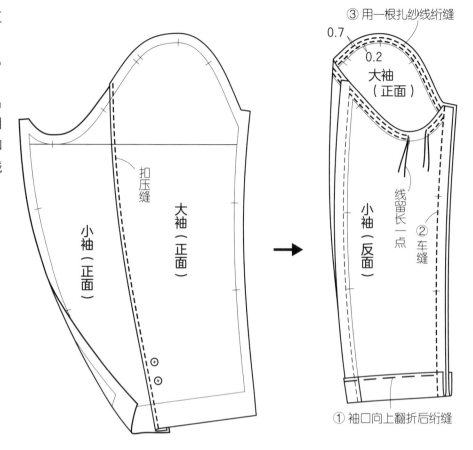

## 7 装袖

将衣身袖窿上的对位记号和袖山对位记号对合。

在分配缩缝量的同时用大头针固定，然后在袖侧用细针距进行缝合。

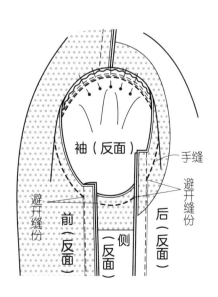

## 8 装垫肩

装垫肩时，以肩缝线为中心，后衣身侧应稍长些（长出 0.7~1cm），肩点处垫肩比装袖净缝线出 1~1.5cm。用大头针临时固定后，用漏落针绗缝固定。

（垫肩位置示意图）

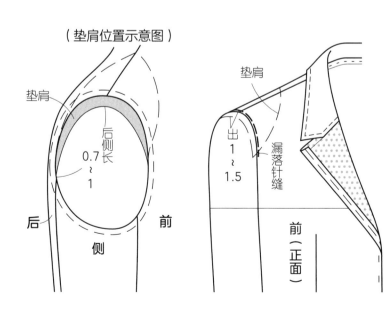

## 垫肩的种类

垫肩是像西服垫肩那样做成弧形的三角形垫肩（A）和根据肩周围的造型做成圆形的栗形垫肩（B）。厚度应该根据廓形和体型来选择。

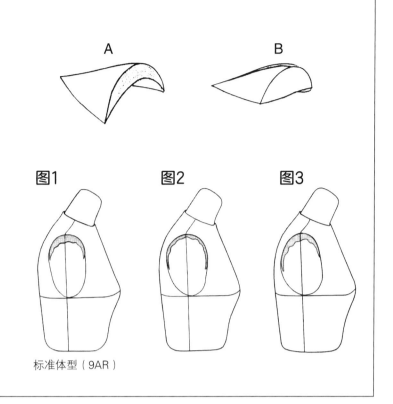

## 根据体型来选择垫肩的方法

● 肩处比较厚的体型

如果装比肩的厚度狭窄的垫肩，肩周围的厚度无法平整，垫肩的不平整会在衣服表面显现出来。此时，为了包住整个肩，应该装薄型的、比较大的垫肩（图2）。

● 前肩突出的体型

使用前肩部分薄一点，后面厚一点的垫肩（图3）。

图1　图2　图3

标准体型（9AR）

## *9*　做口袋、装口袋

将袋口沿净缝线折叠后用扎纱线绗缝。

用厚纸做口袋的形状，然后将其放在里面，用熨斗压烫出造型。

放置在衣身的装袋位置处，用绗缝固定。

## *10*　在驳头处贴标志线、装纽扣

为了能清楚地看见净缝线，从翻领装领点开始到驳头末端处，应贴标志线。

将纽扣的形状在坯布上画出后剪下来并装。

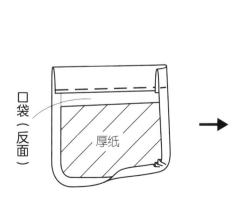

口袋（反面）

厚纸

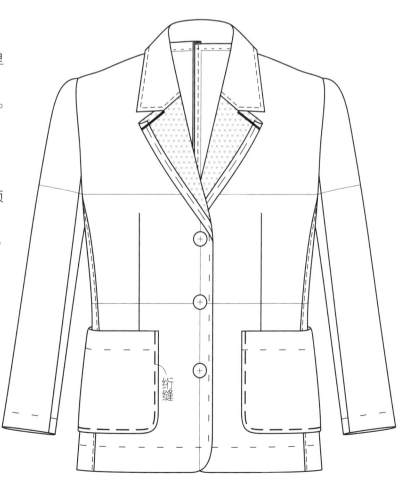

绗缝

## 1.4.4 试样补正的方法和样板的修正

试样要在实际着装状态下进行。在西装的实际穿着状态下，人以自然姿势站立。

首先看看整体造型是否与设计稿相符，接着要对各个部位的丝缕、松量、平衡进行观察。

① 纵向丝缕是否相对地面呈垂直状态。

② 横向丝缕是否相对地面保持水平。从前面、后面、侧面观察。

③ 衣身的松量是否合适。

在从静止状态到手臂向前倾的过程，观察随着手臂轻轻上举的动作，衣身松量是否满足运动量。

④ 袖肥的松量、袖山高、袖长的平衡是否合适。

⑤ 衣长、口袋位置和大小是否恰当。

⑥ 驳头的驳折止点和翻折线的翻折情况，翻领外围翻折情况是否理想。

单一要素进行补正的情况比较少见，往往要考虑多种要素综合影响而进行补正的情况比较多。

这里是没采用补正原型的场合。试样时常见的是由于前长与后长的不平衡而引起的斜向皱褶以及由于耸肩产生的袖山牵拉皱褶。下面就对其补正方法进行讲解。

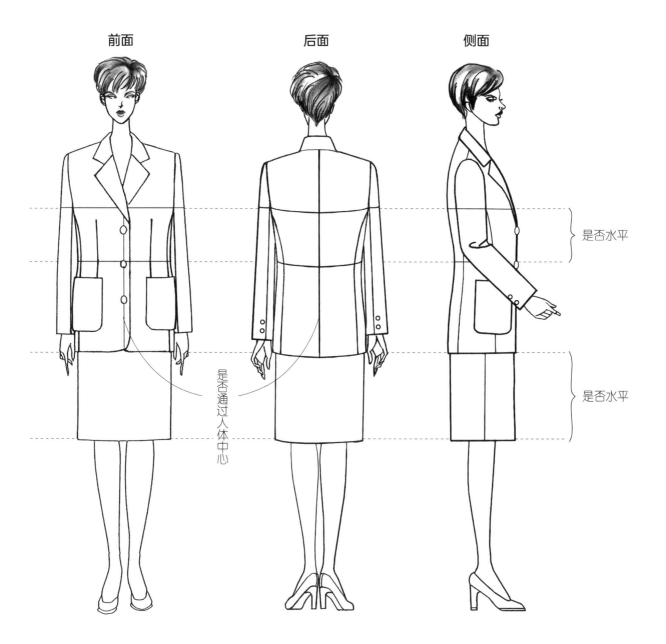

前面　　　　后面　　　　侧面

是否水平

是否水平

是否通过人体中心

## （1）从袖窿向腰后中心产生的斜向皱褶情况

产生这种状况的原因是肩胛骨不太凸出，后衣身长产生了多余量以及反身体型乳房高、前长不足。

从侧面看，侧缝线向前错位，后衣身的下摆在臀围处贴住了，前衣身的下摆向上翘了。

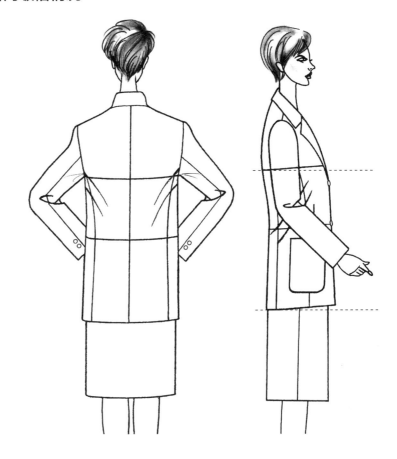

## 1）原因——肩胛骨不太凸出，后长产生多余量

**补正法1**

● 捏掉后衣身长出的量，直到后衣身肩胛骨处的斜向褶皱被处理到消失为止。从后中心开始到肩胛骨处保持水平，从肩胛骨开始到袖窿处抓起的量为0（图1）。后长变短了，于是被拉伸产生的皱褶消失了。

● 样板的修正如图2那样，肩缝缝缩量小一点，为保证袖窿尺寸不变，后长就变短了。

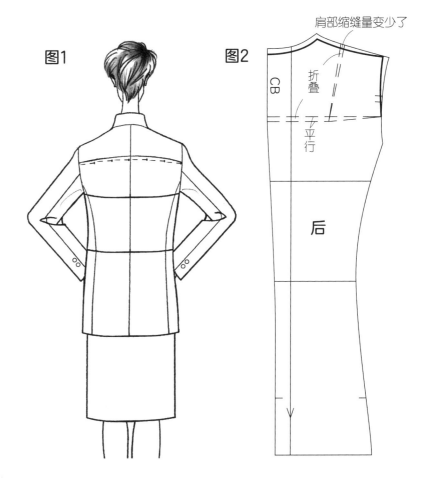

图1　图2

肩部缩缝量变少了

CB　折叠　平行

后

● 在肩胛骨附近，将从后中心到袖窿多余的量平行折叠掉。

● 这种情况下因袖窿尺寸变化了，所以袖子样板也必须修正（图5）。

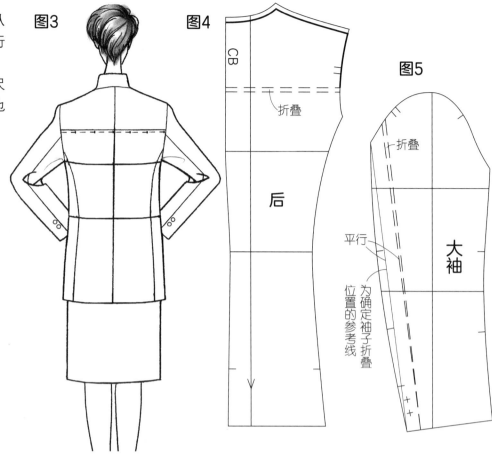

图3　图4

图5

折叠

折叠

CB

后

平行

大袖

为确定袖子折叠位置的参考线

● 当后衣长大于成品尺寸而产生了斜向皱褶时，在胸围线下方将多余的量折叠掉（图6）

● 纸样修正见图7。这种情况下，袖窿尺寸不变。

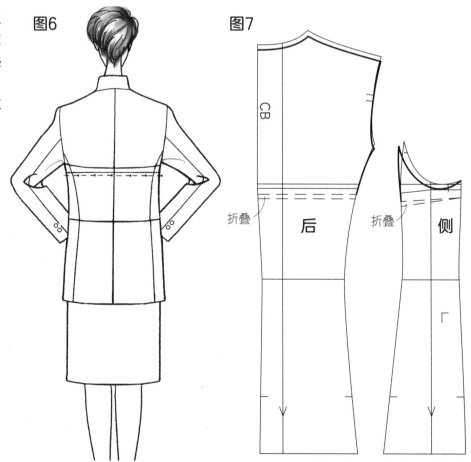

图6　图7

CB

折叠

后

折叠

侧

2）原因——反身体型乳房高、前长不足

● 拆掉袖子、口袋以及刀背分割线。

● 在下摆处加出不足的量。因 BL、WL、HL 位置错位了，所以在 AH 处将那个量用大头针别掉，纸样修正时将该量折叠转移到领窝领省处（图9）。

● 加大了领省量，省长也要加长。

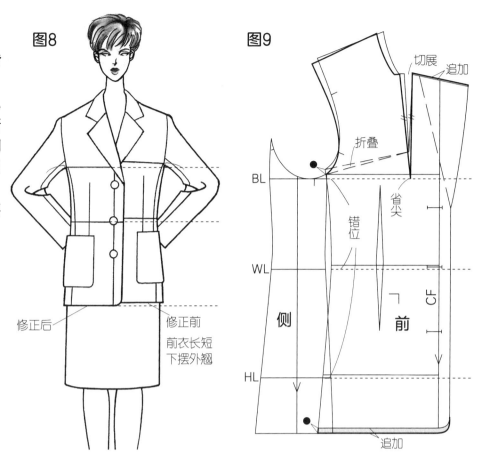

图8

图9

修正后

修正前

前衣长短
下摆外翘

BL

WL

HL

切展

追加

折叠

省尖

错位

侧

前

CF

追加

（2）因袖山牵拉产生的皱褶情况

其原因较多，但一般来说这是由于肩倾斜比较小而引起的耸肩，使得向袖山方向出现斜向皱褶。

● 拆掉袖子、肩线，增加肩部松量。

● 增加袖山高，抬高袖窿底。

追加袖山高

CB

后

追加

前

侧

CF

大袖

# 1.5 用实际面料制作时的样板制作和裁剪

## 1.5.1 加放缝份的样板制作

坯布试衣后，补正的地方要在样板上修改，再制作实际缝制用的样板。这里以选用中厚型毛料为例进行说明。

实际缝制用样板的缝份与假缝用的缝份宽度不一样，缝合位置的尺寸吻合、形状吻合、缩缝量、袖窿弧线、领窝的光滑连接、下摆线、袖山弧线的圆顺度确认，都与原始样板制作方法一样进行。（参考第44、45页）

**缝份加放方法**

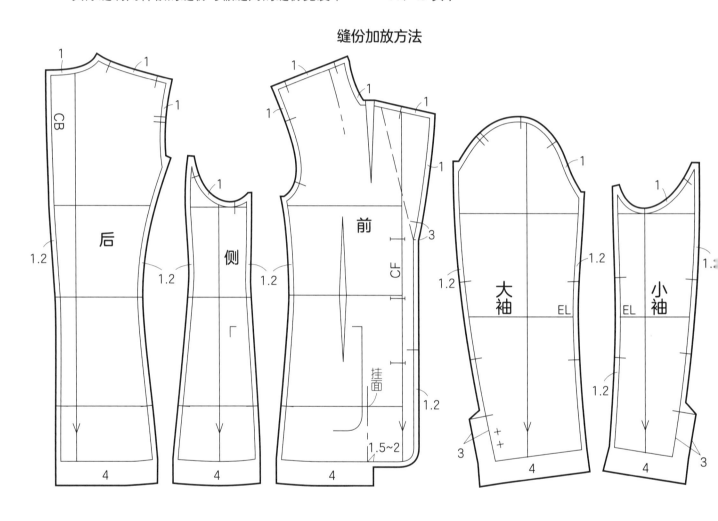

**口袋的样板制作**

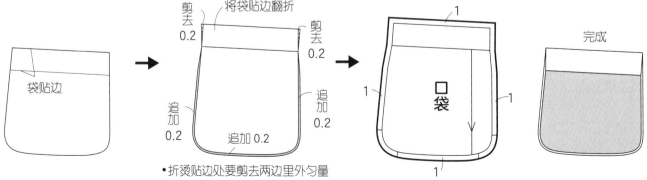

• 折烫贴边处要剪去两边里外匀量

• 口袋边缘处追加里外匀量

翻折领子时领面宽不够，为了补充不足量，要在领里的样板上展开。

从前衣身的制图上取出挂面部分，追加驳折松量和面料的厚度，追加挂面里面长度的松量。

## 挂面的样板制作

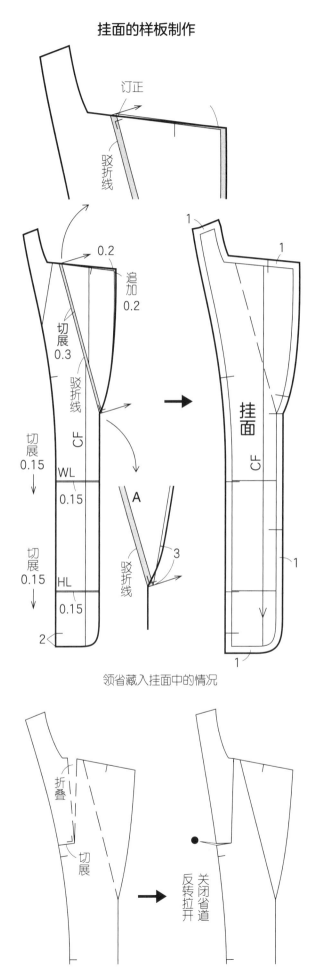

领省藏入挂面中的情况

## 领面展开方法及样板

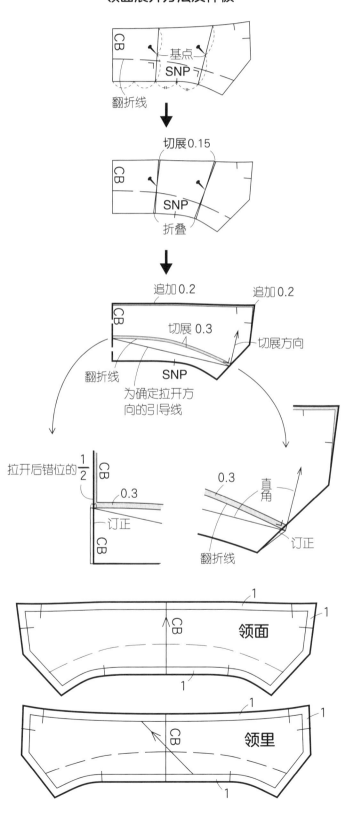

## 1.5.2 里布的样板制作

　　因里布与面布不一样，里布没有伸缩性，因此长度和围度上都应加入必要的松量。

### 衣身

● 背宽的松量。

考虑到穿用时的运动量，后中心要多放点松量。

● 后衣身、侧衣身、前衣身的侧缝的缝份大小。

为了与面布的运动量相符，在净缝线处加入约0.2~0.3cm 的坐势，所以缝份的大小比面布大。

● 长度方向的松量是在腰围线及臀围线处各加

出 0.3cm。

● 挂面与前衣身里子。

将挂面与前衣身里子的各对位记号对准后缝合。挂面长度的松量（0.3cm）和前衣身里子长度的松量（0.6cm）的尺寸差缝合时，前衣身里子上分别以0.15cm 作为长度方向的松量。

领省省尖超出挂面位于前衣身里面时

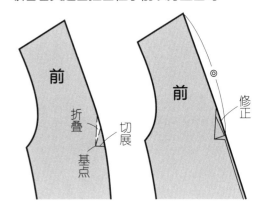

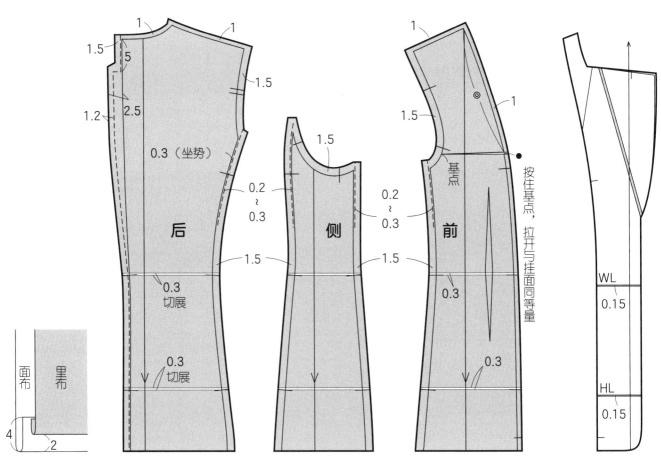

※用易散开的里布时，将下摆处缝份多放些，然后在整理下摆时再剪去。

袖

● 圆装袖的情况下，袖窿底的缝份因为是竖立的，里布要包住竖起来的缝份，所以里布的缝份在长度和围度上都需要松量。因为里布袖山在面布袖山内层，形成了内径，因此缩缝量比袖面要少。袖子长度方向的松量则在袖肘线 EL 上切展 0.5cm。

图1

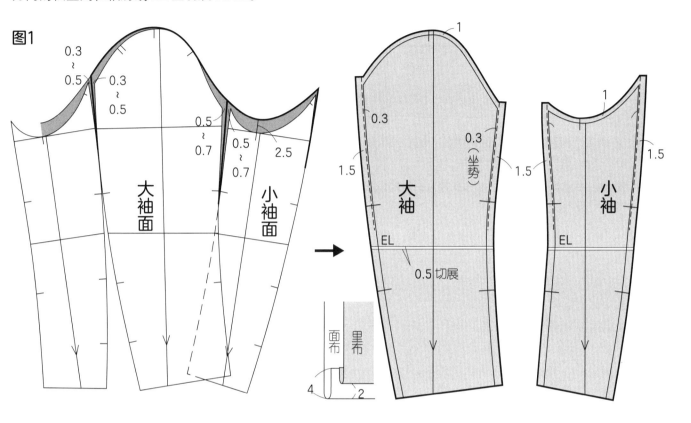

口袋

● 先剪去袋口及其余三边的里外匀量，再在四周加出 1cm 的缝份。

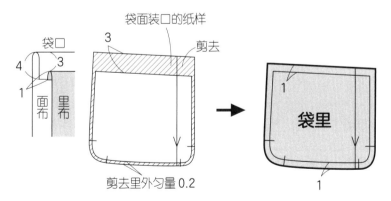

### 1.5.3 关于丝缕校正及缩绒

丝缕校正是指在面料织造过程中布纹有歪斜、布边处紧以及在湿热作用下面料有收缩的特性，需在裁剪前将其整理好。

使用量多及熨烫时易出现极光时，需将面料拿到专业店去处理。一般按以下方法处理。

#### 归正丝缕

● 拆解纬纱，使纬纱能从布边一端一直通到布边另一端为止。

● 裁剪时观察横丝缕和直丝缕是否成直角。用直角定规放上去观察。当丝缕歪斜时，与歪斜方向相反地来拉伸布料，同时用熨斗熨烫理正。

● 布边紧时，将布边剪口。

### 1.5.4 面布的裁剪

将整理好丝缕的面布正正相叠，确认两端的纵横丝缕是否相互垂直。

图示为150cm门幅的素色面料的情况，尽量紧凑、高效地排列样板。特别注意的是，即使没有绒毛方向性，样板最好也要同一方向放置。因为即使整烫了布边，布纹也会有歪斜，所以在面料门幅宽的中央部位放置前衣片、后衣片、大袖的中心部位，在二片面料重叠下进行裁剪。

领子样板也要在布料对折状态下放置，正式裁剪时应一片一片单独裁剪。

面布裁剪图

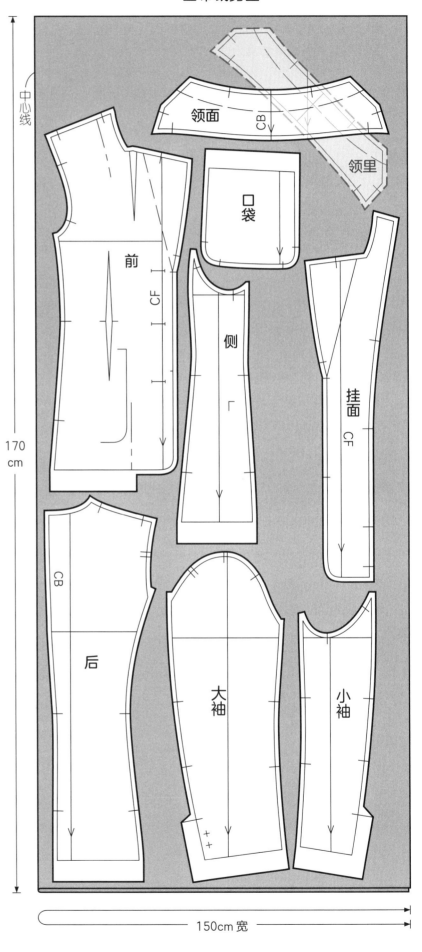

领面　CB　领里

□袋

前　CF

侧

挂面　CF

后　CB

大袖

小袖

中心线

170cm

150cm宽

## 1.5.5 对格

格子有很多种。下面对常用于西装的对格方法进行说明。

● 左右对称的格子，可以正正相叠后两片一起裁剪。但有些布的正面有绒毛时会造成下面的布错位的情况出现，因此这时应该将右衣身单独裁剪，然后将裁片覆盖到左衣身用的布上，使裁片边缘的上下两层面料格纹对齐后再裁剪左衣身片。

● 选择确定格子的一条纵向条纹作为中心，将前衣身、后衣身、袖子的中心与其吻合。衣身侧片的前后分割线尽量与前后衣身分割线处的条不重合。（参照第64页）

● 衣身的横向条纹通过胸围线。

● 大袖片的横向条纹与前衣身袖窿的对位记号处条纹一致，纵向条纹则选择小袖片与大袖片不重合

为好。（参照第63页）

● 领面的纵向条格与后衣身的中心条纹吻合，领外围的格子根据着装后衣领在衣身上的状态放置样板，与衣身的横格一致。（参照第65页）

● 挂面应该与翻领领串口斜线的格子连接进行对格。若要驳头止口通过纵向条纹，则挂面的整个丝缕就改变了。（参照第65页）

● 口袋则把前衣身的装袋位置的格子在样板上描下来裁剪。（参照第65页）

● 上述对格方法是一般的方法。也可根据格子的大小、条子的宽度、格子的色彩浓淡变化来对格。因为对格含有设计的要素，所以不管用哪种方法，在用坯布假缝时，若在坯布上描好格子则比较好。

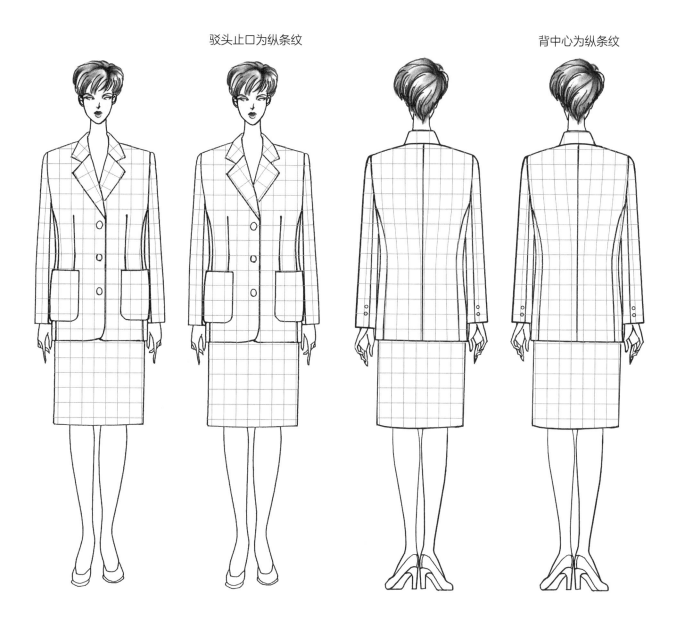

驳头止口为纵条纹　　　　　　　　背中心为纵条纹

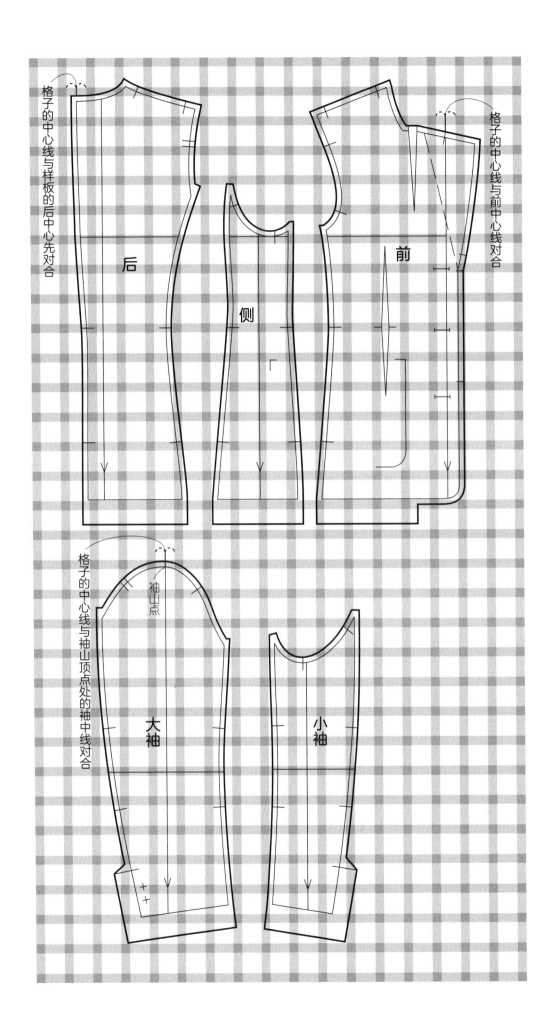

格子的中心线与样板的后中心先对合

后

侧

前

格子的中心线与前中心线对合

格子的中心线与袖山顶点处的袖中线对合

袖山点

大袖

小袖

64

# 衣身和衣领的对格方法

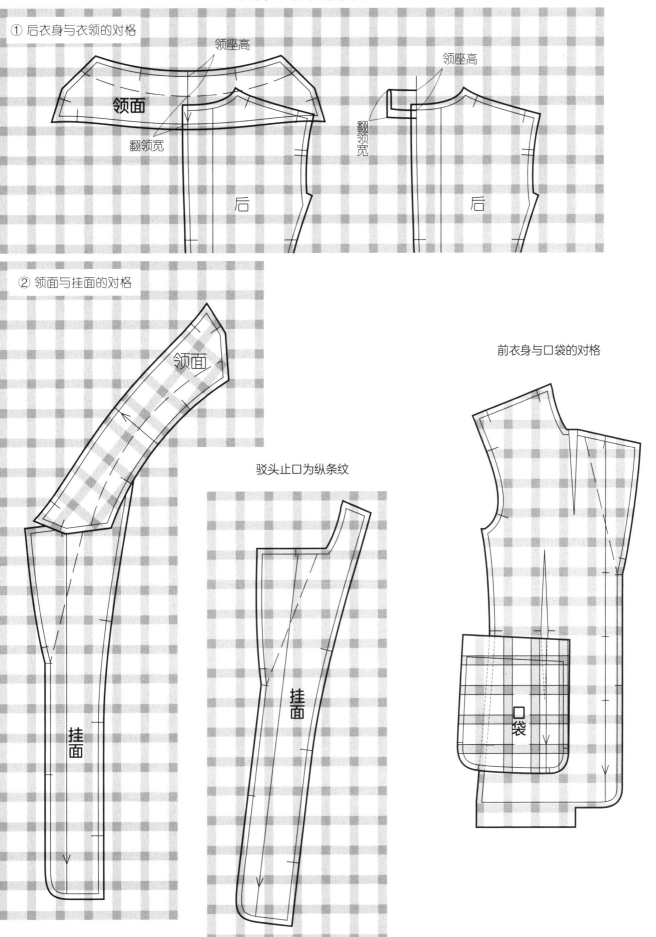

① 后衣身与衣领的对格

领座高

领面

翻领宽

领座高

翻领宽

后

后

② 领面与挂面的对格

领面

挂面

挂面

驳头止口为纵条纹

挂面

前衣身与口袋的对格

口袋

### 1.5.6 里布的裁剪

**关于里布**

　　里布表面光滑，装有里布的衣服穿脱方便，保型性也好，而且也提高了面布的保温效果以及保护了面布。

　　因此，选择里布时要考虑符合面布的风格，要求触感好、吸湿性好、防静电、结实、不易起皱等。

　　里布面料有平纹组织、斜纹组织、缎纹组织、针织面料等，材料有以棉线作为原料的铜氨纤维、以纸浆中的纤维作为原料的人造丝、以石油作为原料的涤纶以及真丝等。

**里布的裁剪方法**

　　将里布正正相叠对折，样板同一方向排列。

　　因为里料容易滑动，所以为了不使丝缕线错位，周围用大头针固定。

里布的裁剪图

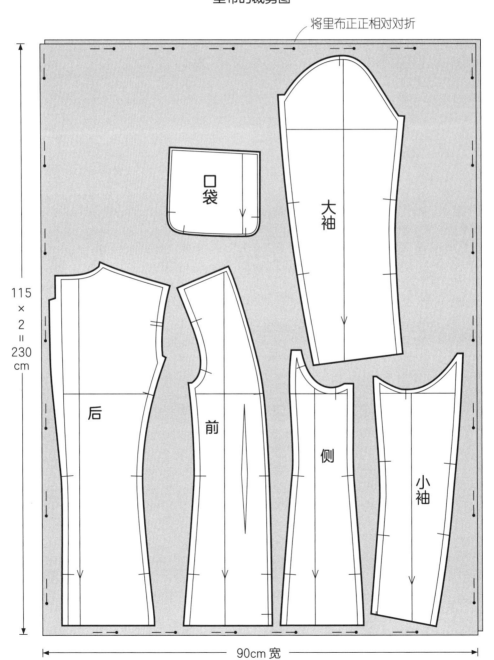

将里布正正相对对折

115 × 2 = 230 cm

90cm 宽

口袋　大袖　后　前　侧　小袖

## 1.5.7 关于衬

### 衬的作用

● 使服装挺刮且具有立体感，轮廓造型漂亮。
● 防止由于穿脱、清洗造成的变形。
● 对袋口、袖口、下摆等部位进行加固。

### 衬的种类

衬有在反面涂有黏合剂的黏合衬和天然材料的衬两大类。

天然材料的衬有毛衬、半哔叽、阿尔帕克、麻芯衬、棉织物衬等。本书中的西服工艺使用黏合衬。

### 关于黏合衬

黏合衬的基布大致分为机织物、针织物、无纺布、复合布四种，采用棉、人造丝、涤纶、尼龙等纤维。黏合衬还分为完全粘合和临时粘合两种。

完全黏合衬即使在缝制面没有压线的情况下，在洗涤之后仍能保持黏合力；而临时黏合衬就比较弱，因为在洗涤之后会剥离。采用机缝固定的部件衬也较多。

### 选择黏合衬的方法

西装的主要面料为毛料乔其纱（女衣呢）、粗花呢、法兰绒、华达呢等，因面料与不同黏合衬的组合，面料的风格会产生差异，所以要根据设计和廓形选择适合的黏合衬。要先在多余布料上试粘贴，根据这些要点进行比较确认：与面料的黏合度是否很好，是否改变面料的伸缩性，是否防止面料的变形，面料是否有合适的张力等。

**梭织物衬料**

像布料一样有经线纬线，与任何面料都能黏合，且挺刮有张力。特别是在制作工艺上有归拔工艺要求时，最好黏合衬与面料丝缕相同，熨烫时操作方便。

**针织物衬料**

粘上衬之后仍保持柔软感，特别适合像粗花呢那样仿毛材料。

**复合布衬料**

无纺布的纵向用涤纶线，可使尺寸稳定，横向有适度的拉伸性。对于胸部有张力的西服，为使其不易拉伸，可以横着用。

**无纺布衬料**

横向有适度的拉伸性。

面料与黏合衬粘贴后的风格

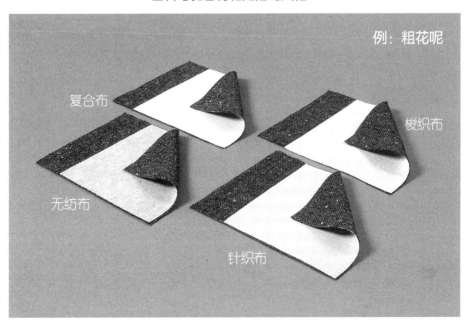

例：粗花呢

复合布

无纺布

梭织布

针织布

## 1.5.8 黏合衬的裁剪和粘贴方法

● 使用梭织衬时，衬与面料同丝缕方向裁剪。

● 粘贴衬的位置：

在前衣身、侧衣身、领里、领面、整个挂面贴粘衬。

在后衣身的袖窿和下摆粘贴衬。

在大袖片袖口和开衩处贴粘衬，在小袖片袖口部分粘贴衬。

在口袋袋口处贴粘衬。

● 贴衬要点。与坯布假缝时的粘贴方法相同。根据不同的面料种类，应选择不同的熨烫时间、压力、温度，因此要先在剩布上试粘贴一下。

黏合完成后还有余热时，面料不要折叠，不要移动。

黏合衬的排料图

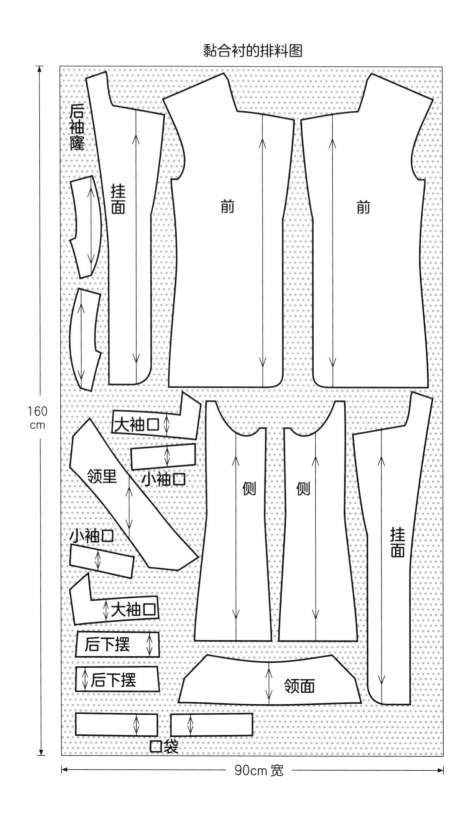

粘贴衬位置

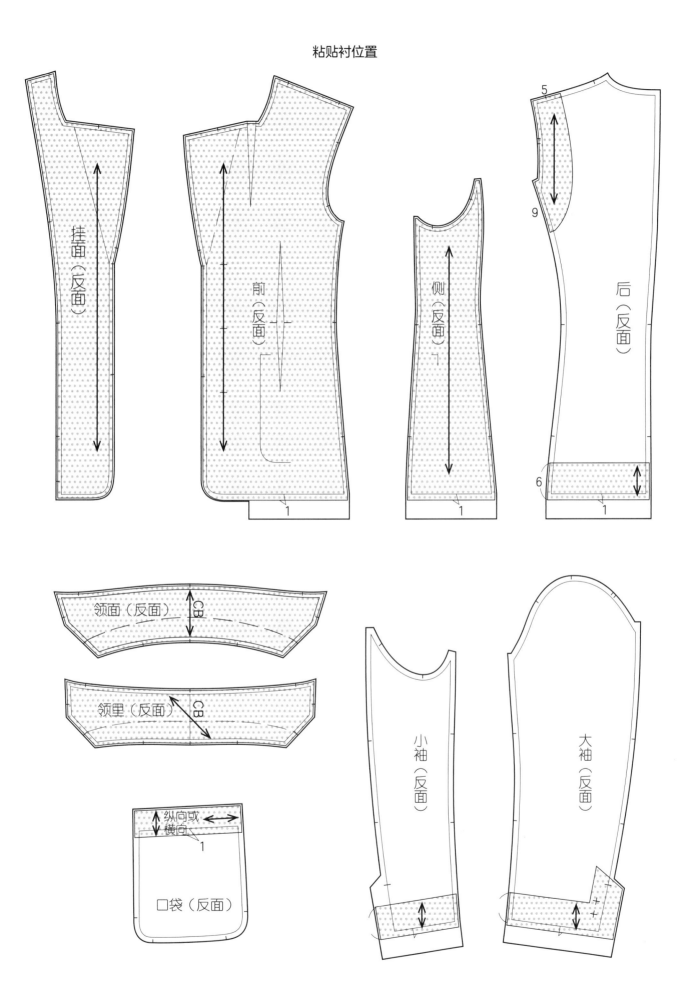

挂面（反面）

前（反面）

侧（反面）

1

后（反面）

5

9

6

1

1

领面（反面）　CB

领里（反面）　CB

纵向或横向

1

口袋（反面）

小袖（反面）

大袖（反面）

## 1.5.9 用实际面料假缝的场合

到现在为止，对已用白坯布假缝得到的纸样如何用于实际面料进行了讲解。当实际面料风格与白坯布相差甚远时，用实际面料假缝进行造型确认更合适。

**假缝要点**

① 排料（参照第 64 页）。

② 裁剪。用实际面料假缝用的缝份比用白坯布假缝用的缝份大一些。

③ 作记号。在实际面料上作缝制标记时一般采用打线钉方法，因为在粘好衬后再打线钉时，面料厚度增加了，针刺穿布较难，因此当实际面料较厚时，也可一片一片单独打线钉。此外还可在面料上用缝线作标记。

**打线钉**——样板的轮廓、省道、扣眼位置、驳折线、对位标记等处先用画粉画出，然后将纸样拿掉。检查用画粉画的各部分是否顺直、准确。再在画粉线上用双股线打线钉。袖窿弧线、领窝线、袖山弧线等曲线部分为每隔 2~3cm 一针，间隔密一些，直线以及平缓的曲线则每隔 4~5cm 一针。两条线的交叉处以及对位标记处，用十字形线钉标记。

**缝线标记**——将纸样放在面料正面，用大头针固定，沿纸样的边缘缝线作标记。

④ 假缝的顺序。与白坯布假缝顺序相同。装领时，在领窝线上不剪刀口。

打线钉            缝线标记

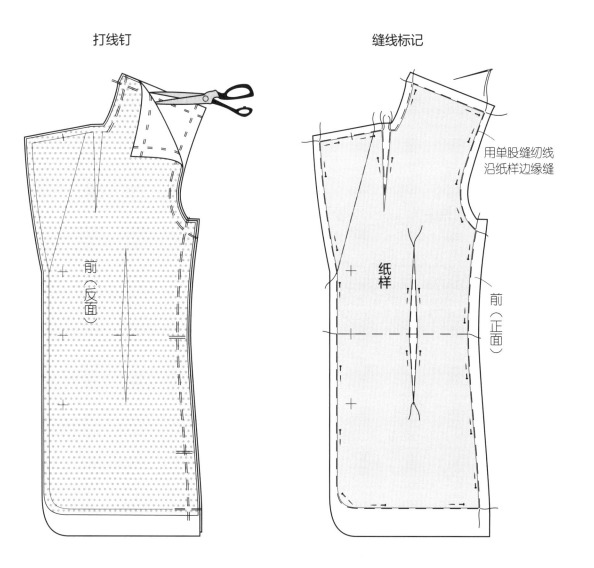

前（反面）

纸样

用单股缝纫线沿纸样边缘缝

前（正面）

# 1.6 西装外套的缝制方法

西装的工艺随着装季节、面料性能、里布的安装方法的不同而不同。里布的安装方法有全夹里、前部全夹后部半夹里、半夹里以及仅背部半夹里，甚至无夹里的单服装。这些不同方法的里布裁剪、缝制、缝份处理的方法将在后面——作说明。

## 1.6.1 全夹里西装

全夹里西装工艺中的面布、里布、衬料各部件见下表。根据组装方法不同，里布、衬料的部件随之而变化。组装方法及高效率的缝制流程表见下一页。要基本掌握流程表上的缝制顺序后再进行缝制，这样才是比较合适的。

**西装外套的夹里样式**

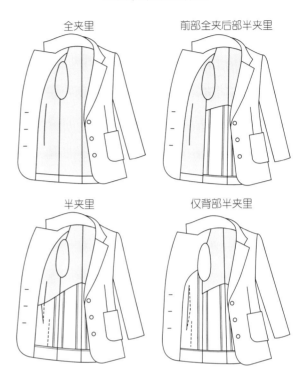

全夹里　　　　前部全夹后部半夹里

半夹里　　　　仅背部半夹里

**全夹里时必要的部件一览表**

| | 右衣身 | 左衣身 | 袖 | 领、口袋 |
|---|---|---|---|---|
| 面料 | 后衣身　侧衣身　前衣身　挂面 | 挂面　前衣身　侧衣身　后衣身 | 小袖　大袖　大袖　小袖 | 领面　领里　口袋 |
| 里料 | 后衣身　侧衣身　前衣身 | 前衣身　侧衣身　后衣身 | 小袖　大袖　大袖　小袖 | 口袋 |
| 衬（黏合衬） | 袖窿　侧衣身　前衣身　挂面　下摆 | 挂面　前衣身　侧衣身　袖窿　下摆 | 袖口 | 领面　领里　口袋 |
| 辅料 | 垫肩 | 袖山 | 钮扣 | |

# 全夹里西装外套的缝制流程

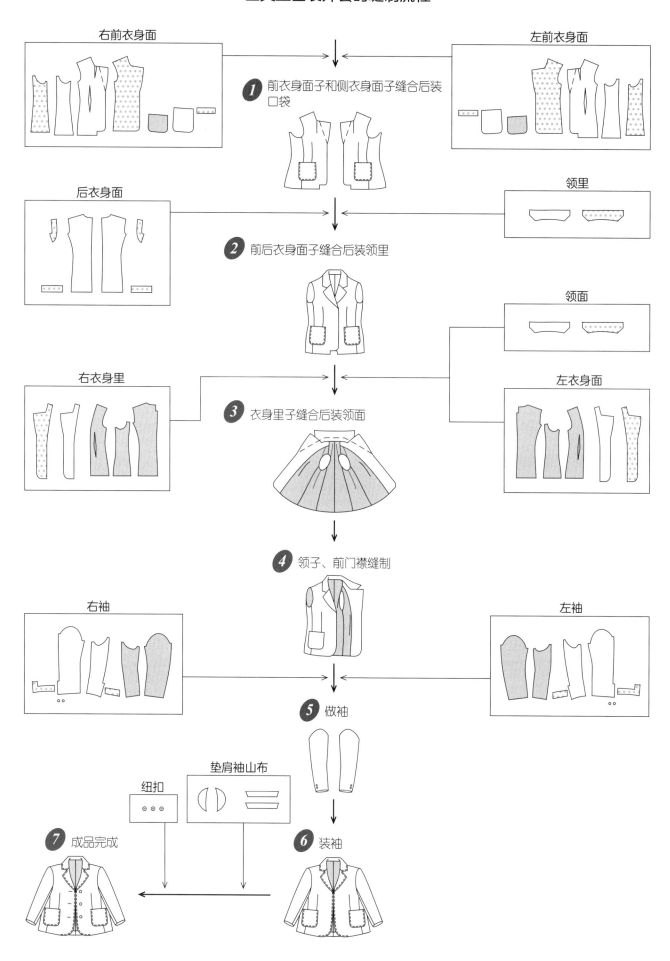

右前衣身面

左前衣身面

**1** 前衣身面子和侧衣身面子缝合后装口袋

后衣身面

领里

**2** 前后衣身面子缝合后装领里

领面

右衣身里

左衣身面

**3** 衣身里子缝合后装领面

**4** 领子、前门襟缝制

右袖

左袖

**5** 做袖

纽扣

垫肩袖山布

**7** 成品完成

**6** 装袖

**全夹里西装缝制工序**

全夹里西装的面（子）、里（子）、衬的样板数量很多，构造复杂。

这里的西装缝制工序为：将衣身面子、衣身里子各自缝合到装领为止，之后将面与里正正相叠合缝并翻正。这是以初学者比较容易学习的顺序组合起来的方法。

# 第❶工序　将前衣身和侧衣身面子缝合后装口袋

### 1　贴牵带，省道的中心处用粗针距缝

在布料的丝缕和缝份处容易拉伸的部分，为防止拉伸而贴上牵带。将驳头和领里的牵带用绗缝固定。

在省道的中心用粗针距缝，避免面料和衬剥离。

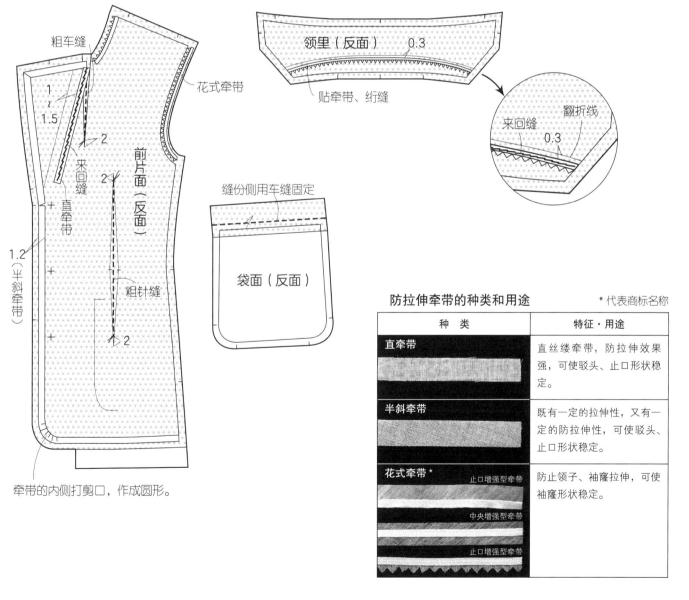

| 种　　类 | 特征·用途 |
|---|---|
| **直牵带** | 直丝缕牵带，防拉伸效果强，可使驳头、止口形状稳定。 |
| **半斜牵带** | 既有一定的拉伸性，又有一定的防拉伸性，可使驳头、止口形状稳定。 |
| **花式牵带\*** 止口增强型牵带 中央增强型牵带 止口增强型牵带 | 防止领子、袖窿拉伸，可使袖窿形状稳定。 |

防拉伸牵带的种类和用途　　　　　\* 代表商标名称

## 2 前衣身面子的领省、腰省的缝制

为使省道附近表面没有痕迹，用斜料的口袋布垫在下面一起缝。面料较厚时，直接用面料垫在下面一起缝合。

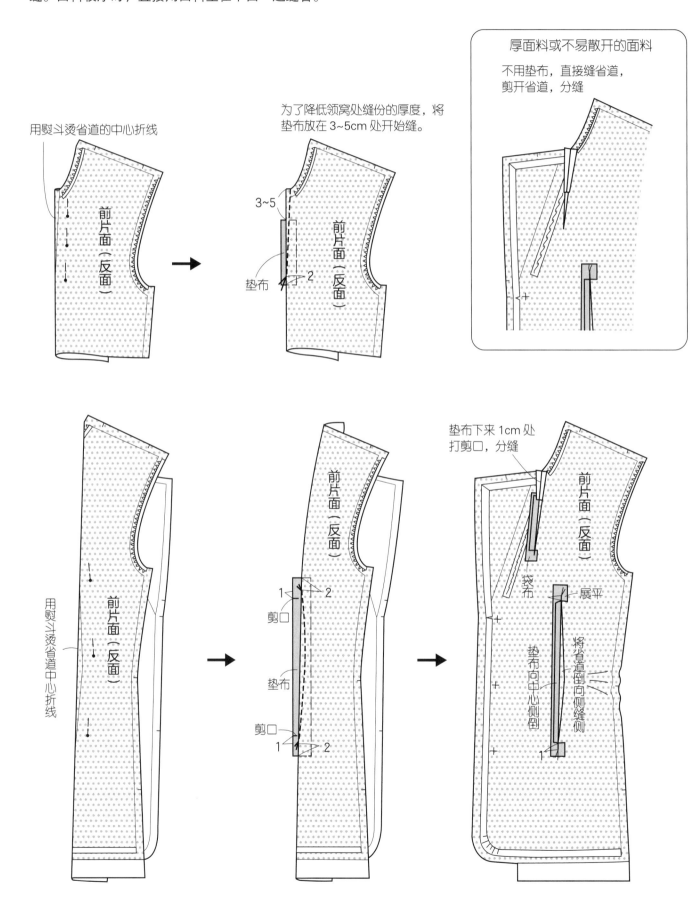

用熨斗烫省道的中心折线

为了降低领窝处缝份的厚度，将垫布放在 3~5cm 处开始缝。

3~5

垫布

前片面（反面）

前片面（反面）

**厚面料或不易散开的面料**

不用垫布，直接缝省道，剪开省道，分缝

前片面（反面）

用熨斗烫省道中心折线

前片面（反面）

前片面（反面）

垫布下来 1cm 处打剪口，分缝

前片面（反面）

剪口

垫布

剪口

袋布

展平

垫布向中心侧倒

将省道倒向侧缝侧

## 3　缝前衣身面子的刀背分割线

　　将缝份、对位记号对齐，用大头针或绗缝固定后缝合。

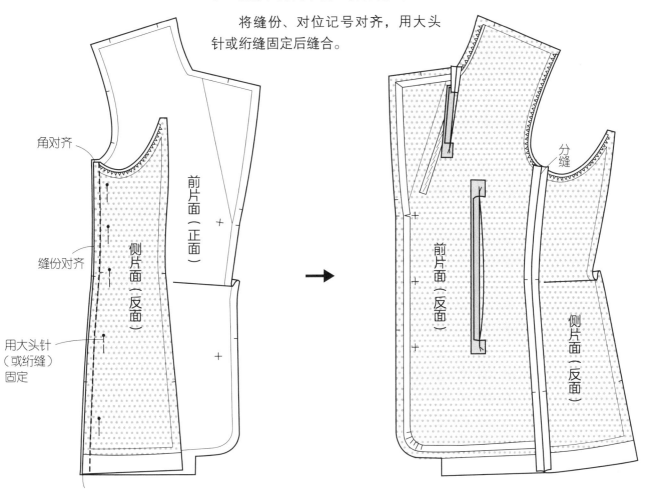

角对齐

缝份对齐

侧片面（反面）

前片面（正面）

用大头针（或绗缝）固定

分缝

前片面（反面）

前片面（反面）

侧片面（反面）

## 4　做口袋

将袋口侧的面布与里布接口处留缝口，并从此缝口处将口袋翻正。

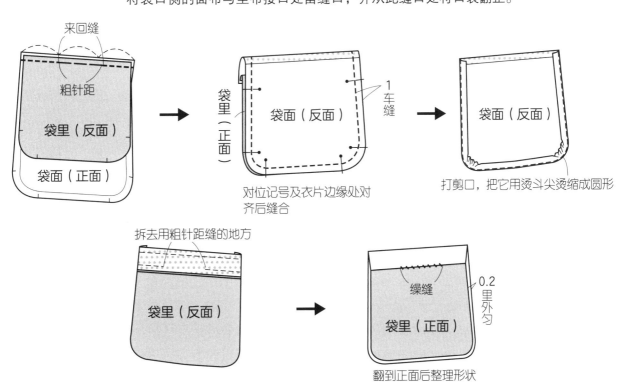

来回缝

粗针距

袋里（反面）

袋面（正面）

袋里（正面）

袋面（反面）

1　车缝

对位记号及衣片边缘处对齐后缝合

袋面（反面）

打剪口，把它用烫斗尖烫缩成圆形

拆去用粗针距缝的地方

袋里（反面）

缲缝

袋里（正面）

0.2
里外匀

翻到正面后整理形状

**5  装袋**

在熨烫馒头上使馒头与臀部的圆弧面相吻合，加入外围松量，口袋口要稍微有点余量，用大头针固定、绗缝。

用机缝装口袋，袋口的缝始点及缝止点处都要用倒回车缝。

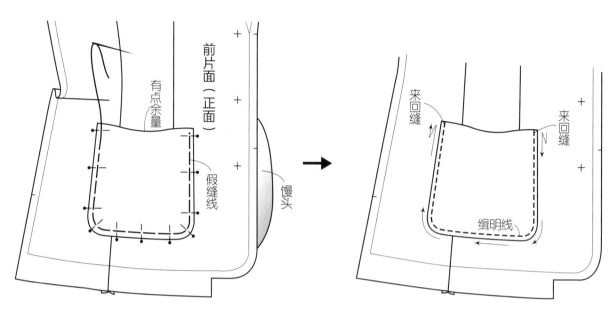

# 第❷工序  缝合衣身面子后装领里

**1  缝制后衣身面子的中心线和分割线**

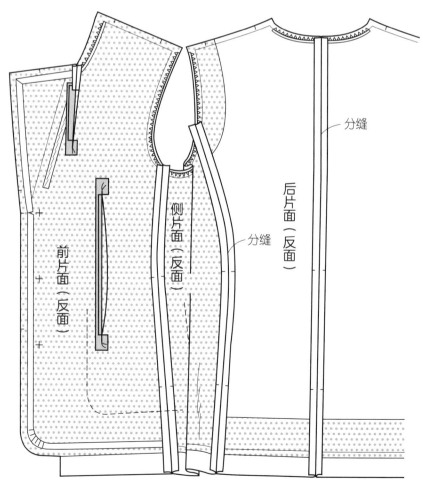

## *2* 缝衣身面子的肩缝线

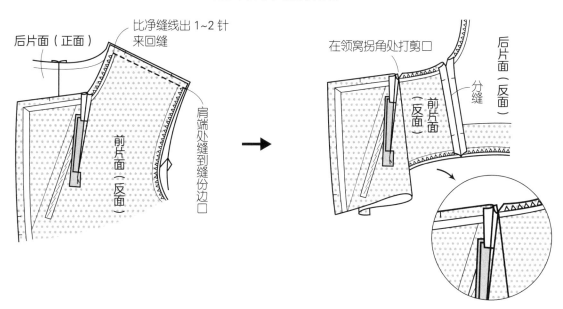

## *3* 装领里

　　将①装领止点、②剪口位置、③颈侧点以及后中心依次对齐对位记号，缝份对齐后绗缝，车缝装领。缝始点和缝止点来回缝。

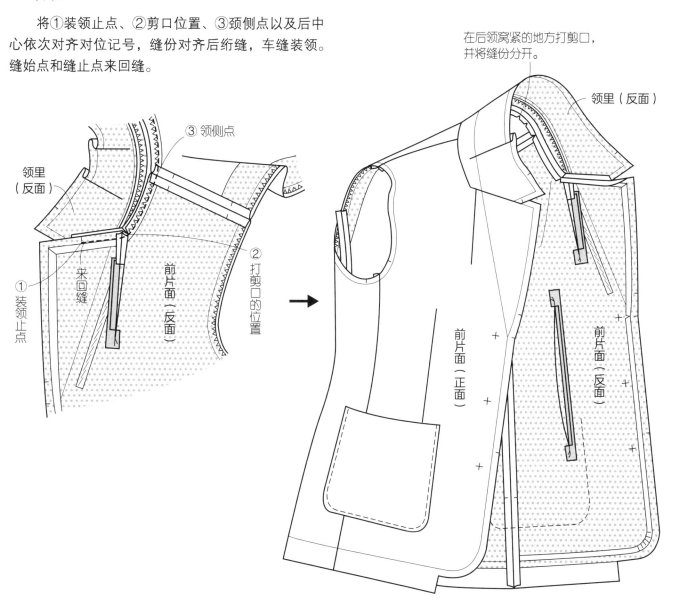

## 第 **3** 工序　缝合衣身里子后装领面

**1**　缝前衣身里子的省道和分割线

**2**　缝合挂面和前衣身里子

**3**　缝后衣身里子中心线和分割线

　　沿净缝线纫缝，距净缝线 0.2～0.3cm 处车缝。沿净缝线用熨斗折烫，后中心缝份倒向右衣身侧，其他的缝份倒向后衣身侧。

　　将净缝线上的纫缝线等整烫后再拆除。

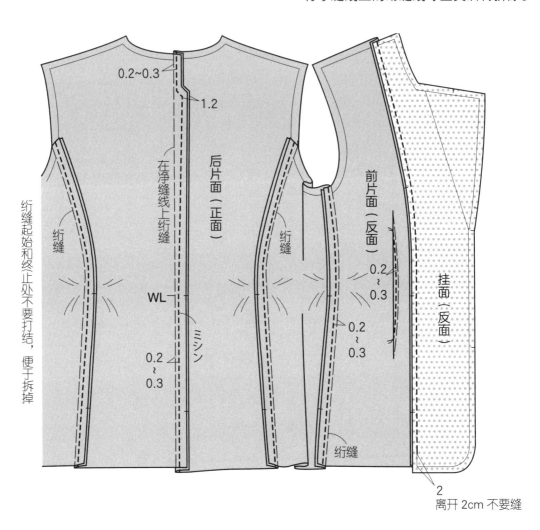

**4**　缝衣身里子的肩缝

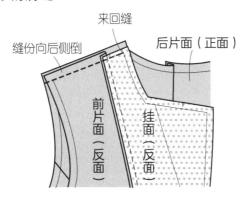

## 5 装领面

将从颈侧点到装领止点这一段缝份分烫，后领窝处衣身里子缝份剪刀口，缝份倒向衣身侧。

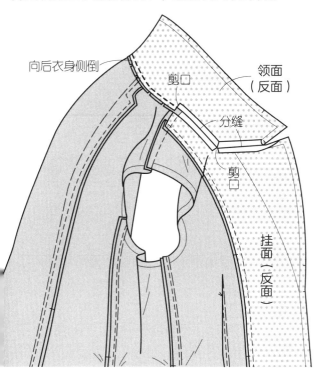

向后衣身侧倒
剪口
领面（反面）
分缝
剪口
挂面（反面）

## 第④工序　将衣身面子和衣身里子正正相对进行拼合，缝领子、前门襟

### 1　领面和领里的装缝止点，四处固定不错位

取两根缝纫机线或一根扎纱线，从领的安装止点开始按①~⑥的顺序用 0.1cm 左右的小针距穿过并拉紧打结。

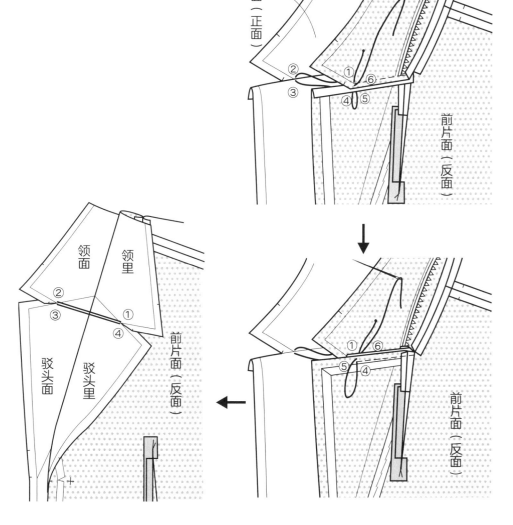

领里（反面）
领面（正面）
② ① ⑥
③ ④ ⑤
前片面（反面）

领面
领里
② ①
③ ④
驳头面
驳头里
前片面（反面）

① ⑥
⑤ ④
前片面（反面）

## 2 前门襟、领外围处绗缝

将驳折止点、前门襟止口、驳头止口处的面与里的缝份对齐及对位记号对齐，然后用大头针固定，再绗缝。

将面与里的装领线对齐后用落缝绗缝。

将领子后中心、领尖、领外围线的对位记号对齐后绗缝。

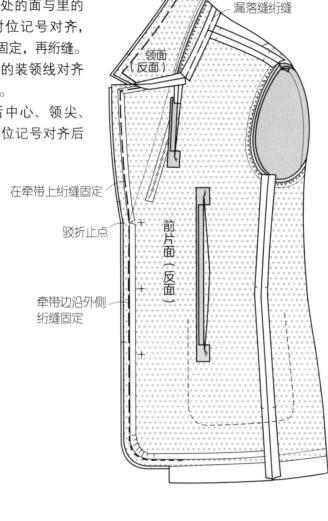

领面（反面）

漏落缝绗缝

在牵带上绗缝固定

驳折止点

牵带边沿外侧绗缝固定

前片面（反面）

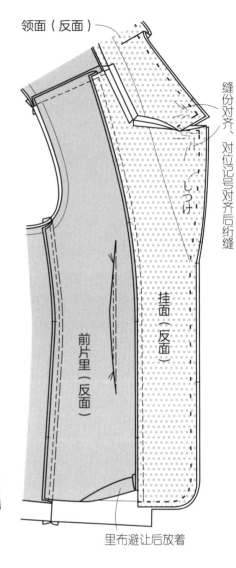

领面（反面）

缝份对齐、对位记号对齐后绗缝

しつけ

挂面（反面）

前片里（反面）

里布避让后放着

## 3 按驳折线翻折好，确认面子的领角和驳角窝势

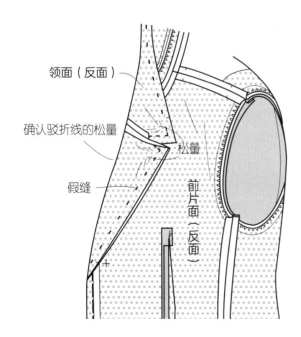

领面（反面）

确认驳折线的松量

松量

假缝

前片面（反面）

## 4 缝领外围线

将装领的缝份倒向驳头侧，从离开装领止点 0.2~0.3cm 处开始缝。

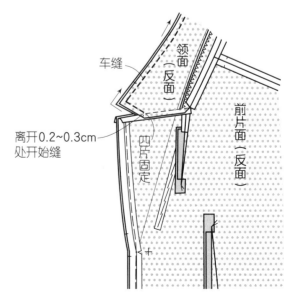

车缝

领面（反面）

离开0.2~0.3cm 处开始缝

四片固定

前片面（反面）

80

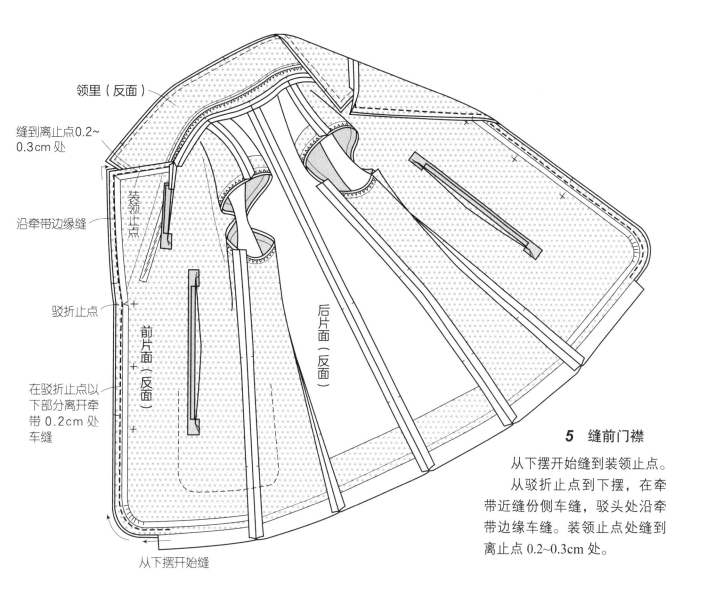

领里（反面）

缝到离止点0.2~0.3cm 处

沿牵带边缘缝

装领止点

驳折止点

在驳折止点以下部分离开牵带0.2cm处车缝

前片面（反面）

后片面（反面）

从下摆开始缝

### 5　缝前门襟

从下摆开始缝到装领止点。

从驳折止点到下摆，在牵带近缝份侧车缝，驳头处沿牵带边缘车缝。装领止点处缝到离止点 0.2~0.3cm 处。

### 6　前门襟、领外围翻到正面整理

先将缝份分烫，然后以面布侧的那一边缝份为 0.3cm、里布侧的那一边缝份为 0.7cm 进行修剪，做成 T 型缝份，使缝份厚度变薄。

拆去装领线的绗缝线，翻正。领里和衣身的驳头里外匀 0.1~0.2cm。在领里、驳头里侧放上垫布，用蒸汽熨斗压烫、定型。驳折止点以下则在挂面侧同样方法处理。

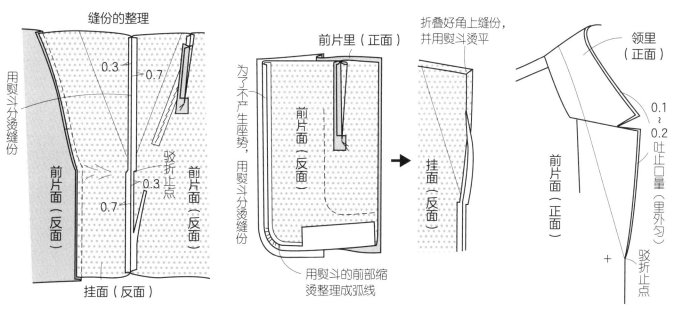

缝份的整理

用熨斗分烫缝份

前片面（反面）

0.3

0.7

驳折止点

0.3

0.7

挂面（反面）

前片面（反面）

前片里（正面）

为了不产生座势，用熨斗分烫缝份

前片面（反面）

用熨斗的前部缩烫整理成弧线

折叠好角上缝份，并用熨斗烫平

挂面（反面）

领里（正面）

0.1~0.2 吐止口量（里外匀）

前片面（正面）

驳折止点

## 7 装领缝份固定

在门襟止口、领外围线纫缝。

将领子按完成形状翻折好，确认领面的松量，装领线处用漏落针纫缝固定。

为使装领线不错位，将面与里的缝份用扎纱线固定。

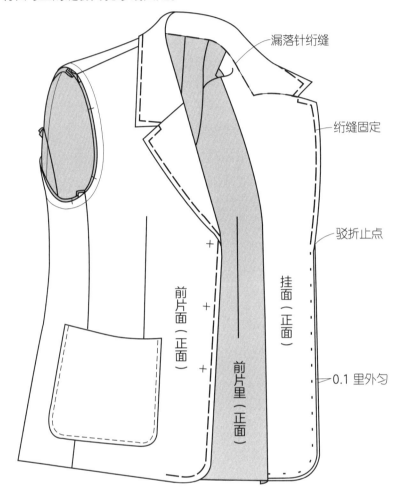

漏落针纫缝

纫缝固定

驳折止点

0.1 里外匀

前片面（正面）

挂面（正面）

前片里（正面）

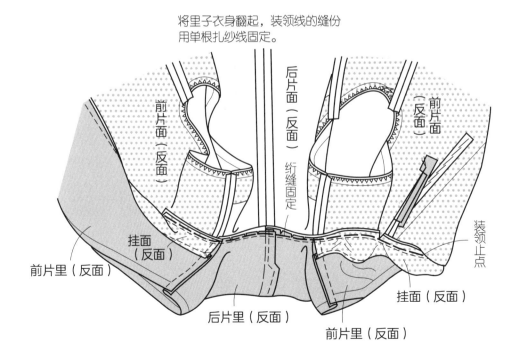

将里子衣身翻起，装领线的缝份用单根扎纱线固定。

前片面（反面）

后片面（反面）

纫缝固定

前片面（反面）

挂面（反面）

前片里（反面）

挂面（反面）

后片里（反面）

前片里（反面）

装领止点

**8** 固定衣身面子下摆，领外口线、
前门襟处缉明线

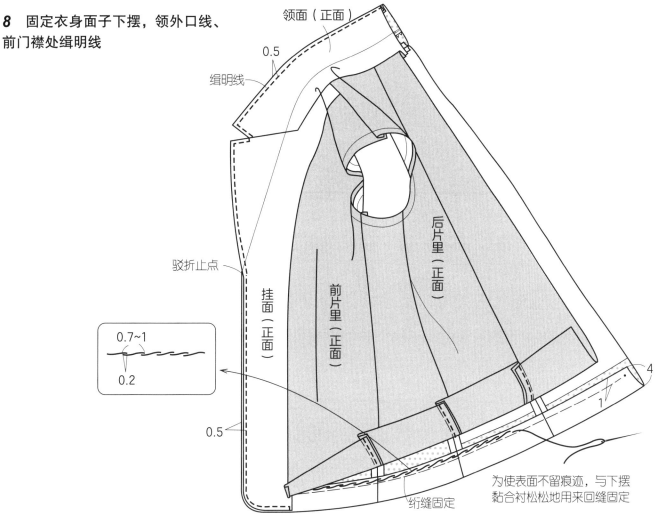

领面（正面）

0.5

缉明线

0.7~1

0.2

驳折止点

挂面（正面）

前片里（正面）

后片里（正面）

0.5

绗缝固定

4

1

为使表面不留痕迹，与下摆
黏合衬松松地用来回缝固定

## 第**5**工序　做袖

**1** 缝袖面子的内侧线，折烫袖口

将缝份、对位记号对齐，用大头针或绗缝固定后车缝。

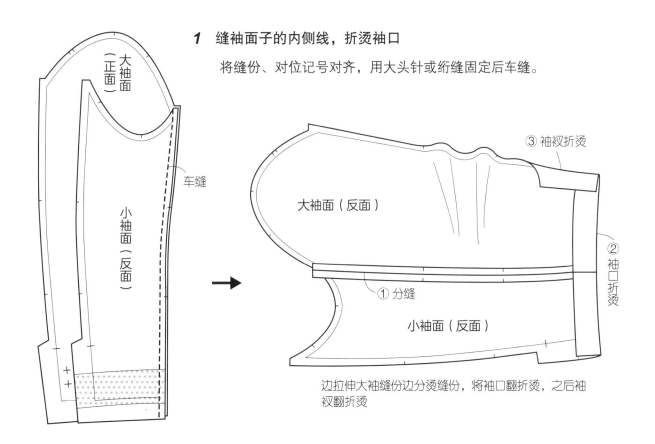

大袖面（正面）

小袖面（反面）

车缝

大袖面（反面）

③ 袖衩折烫

① 分缝

② 袖口折烫

小袖面（反面）

边拉伸大袖缝份边分烫缝份，将袖口翻折烫，之后袖
衩翻折烫

## 2  缝外袖缝

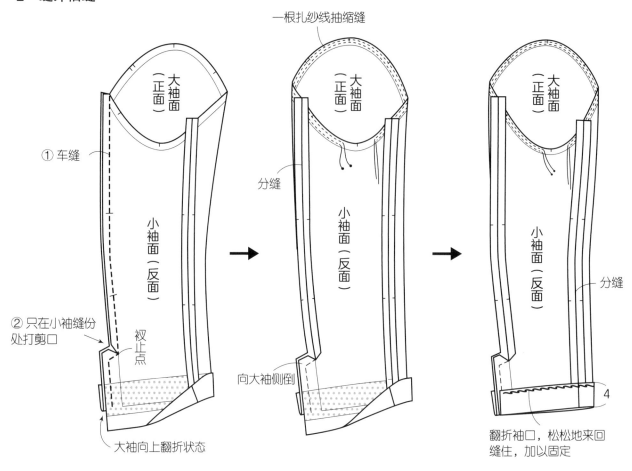

① 车缝

② 只在小袖缝份处打剪口

衩止点

大袖面（正面）

小袖面（反面）

大袖向上翻折状态

一根扎纱线抽缩缝

分缝

大袖面（正面）

小袖面（反面）

向大袖侧倒

分缝

大袖面（正面）

小袖面（反面）

4

翻折袖口，松松地来回缝住，加以固定

## 3  衩的处理及钉装饰纽扣

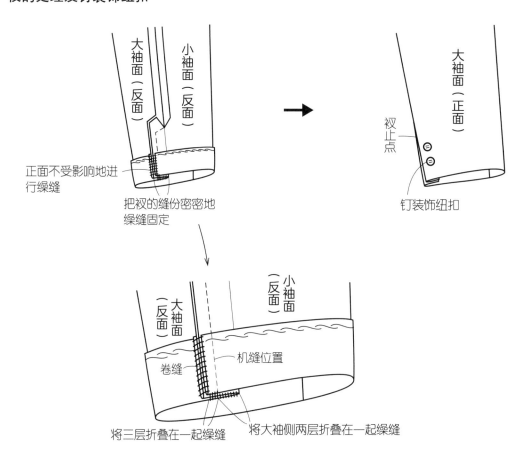

大袖面（反面）

小袖面（反面）

正面不受影响地进行缲缝

把衩的缝份密密地缲缝固定

衩止点

大袖面（正面）

钉装饰纽扣

大袖面（反面）

小袖面（反面）

机缝位置

卷缝

将三层折叠在一起缲缝

将大袖侧两层折叠在一起缲缝

**4** 缝袖里的外袖缝、内袖缝

　　沿净缝线绗缝，在离净缝线 0.2~0.3cm 处的缝份侧车缝。将缝份倒向大袖侧折烫。

大袖里（正面）

车缝

车缝

缝份
0.2
~
0.3
处车缝

小袖里（反面）

0.2
~
0.3

大袖的袖肘处
加入缩缝量

沿净缝线折倒

大袖里（反面）

0.2
~
0.3

缝份向大
袖一侧倒

0.2
~
0.3

小袖面（正面）

**5** 折叠袖里装袖线的缝份

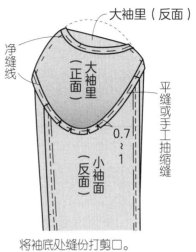

大袖里（反面）

净缝线

大袖里（正面）

小袖面（反面）

0.7
~
1

平缝或手工抽缩缝

将袖底处缝份打剪口。
将装袖线的缝份折成型后平缝或
手工抽缩缝

**6** 固定袖面和袖里的袖底缝份

　　将袖面、袖里缝份上的对位记号对齐，用大头针固定，松松地固定。

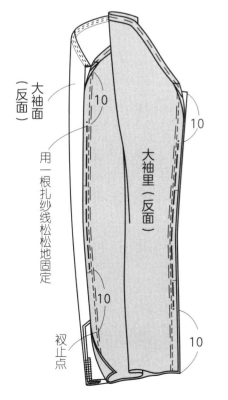

大袖面（反面）

用一根扎纱线松松地固定

大袖里（反面）

10

10

10

10

衩止点

**7** 翻到正面，将袖面和袖里贴合并斜向绗缝固定

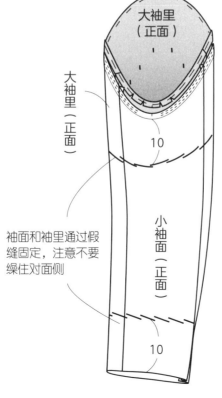

大袖里（正面）

大袖里（正面）

10

小袖面（正面）

袖面和袖里通过假缝固定，注意不要绗住对面侧

**8** 里子袖口绷缝

　　翻折好里子袖口后绗缝。
翻起翻折线绷缝。

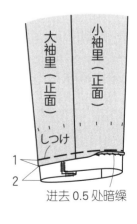

大袖里（正面）

小袖里（正面）

しつけ

1
2

进去 0.5 处暗绷

## 9 整理袖山的缩缝量

轻轻地拉抽缩缝的线，用熨斗熨烫缝缩量。

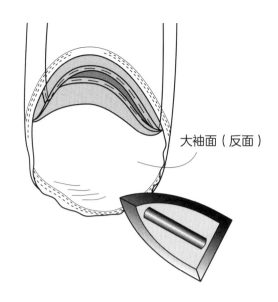

大袖面（反面）

# 第⑥工序　装袖

## 1 绗缝袖子

将衣身袖窿与袖山上的对位记号对齐，用大头针固定。再仔细分配对位记号间的缝缩量，用大头针固定。在袖子侧用绗缝密密地缝。

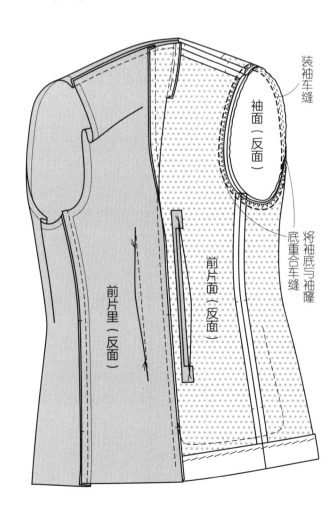

袖面（反面）

袖面（反面）

前片面（反面）

袖窿底在衣身侧用大头针固定

## 2 确认袖子的状态

将垫肩与装袖缝份固定，试穿后观察装袖的平衡。确认袖子的稳定性、方向以及缝缩量的分配状况。

## 3 车缝装袖

装袖车缝

袖面（反面）

将袖底与袖窿底重合车缝

前片里（反面）

前片面（反面）

## 4 装袖山布

为了使袖山圆润，在装袖的缝份上安装袖山撑条。

袖山撑条选用适当厚度和弹性的材料为好。可用面料或毛衬45°斜裁制成，以及毛毡类型的衬或市场上有现成品出售的袖山撑条。

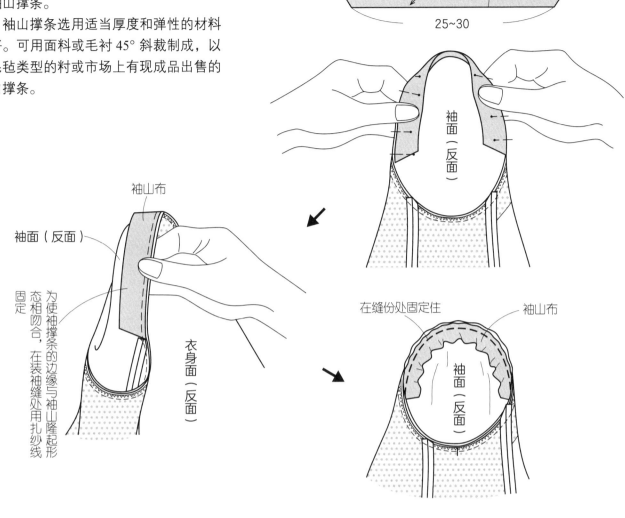

袖山布

3~4

25~30

袖面（反面）

袖山布

袖面（反面）

衣身面（反面）

为使袖撑条的边缘与袖山隆起形态相吻合，在装袖缝处用扎纱线固定

在缝份处固定住

袖山布

袖面（反面）

## 5 装垫肩

将肩缝和垫肩的对位记号对准，垫肩要比装袖线出来1.2~1.5cm，固定。

垫肩的固定方法是在肩部一边将平整理一边用单股扎纱线以回针固定。

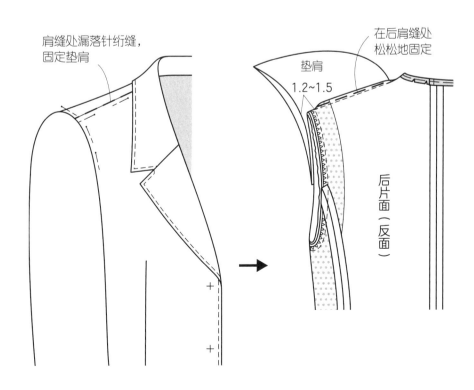

肩缝处漏落针绗缝，固定垫肩

在后肩缝处松松地固定

垫肩
1.2~1.5

后片面（反面）

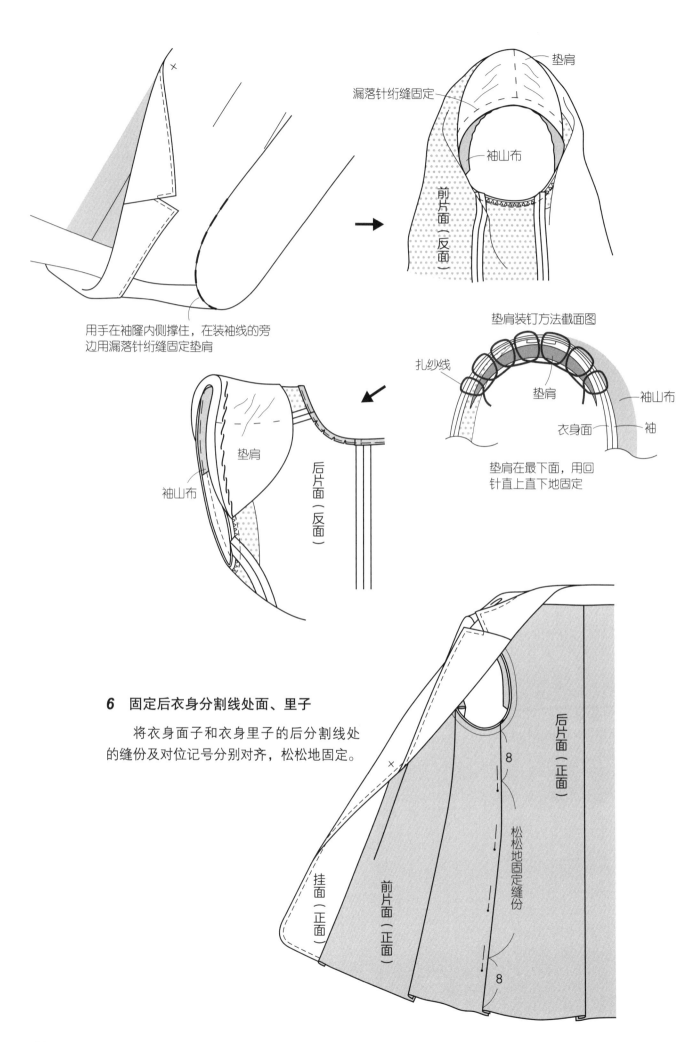

用手在袖窿内侧撑住，在装袖线的旁边用漏落针绗缝固定垫肩

垫肩

漏落针绗缝固定

袖山布

前片面（反面）

垫肩装钉方法截面图

扎纱线

垫肩

袖山布

衣身面

袖

垫肩在最下面，用回针直上直下地固定

垫肩

袖山布

后片面（反面）

## 6　固定后衣身分割线处面、里子

　　将衣身面子和衣身里子的后分割线处的缝份及对位记号分别对齐，松松地固定。

后片面（正面）

8

松松地固定缝份

8

挂面（正面）

前片面（正面）

## 7 固定袖窿面、里子缝份

　　将衣身面子和衣身里子的后中心缝份对齐并用大头针固定，里子的背缝及袖窿线处缝份上的对位记号对齐并用大头针固定。

　　在衣身面子的袖窿处进行漏落针绗缝。

　　离开漏落缝 0.2cm 缝份侧用来回针法绗缝，松松地固定住。

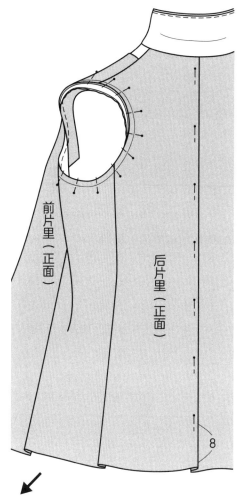

前片里（正面）

后片里（正面）

8

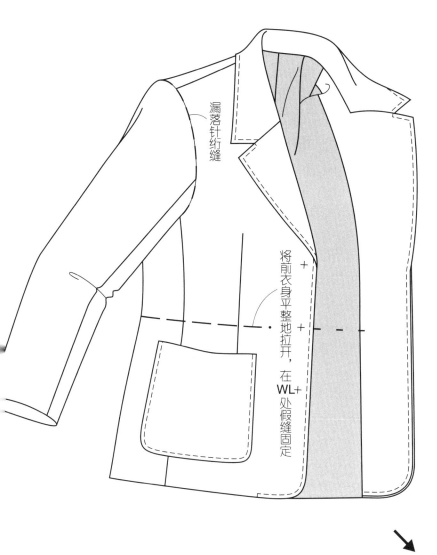

漏落针绗缝

将前衣身平整地拉开，在 **WL+** 处假缝固定

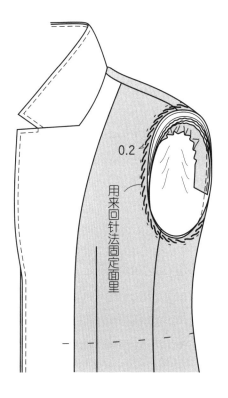

0.2

用来回针法固定面里

## 8 将袖山里子缲缝到衣身上

先分别将袖窿底、袖山顶点处的对位记号对齐，然后再将其余对位记号对齐。均匀地分配缩缝量，袖窿底部处将袖子里布缝份折好，扣压到衣身上，用大头针固定。

使用缲边线，以 0.2~0.3cm 的间隔，从缩缝量比较少的袖底开始向袖山缲缝。

在袖窿底部为了让袖里稳定，在装袖缝份上用拱针固定。

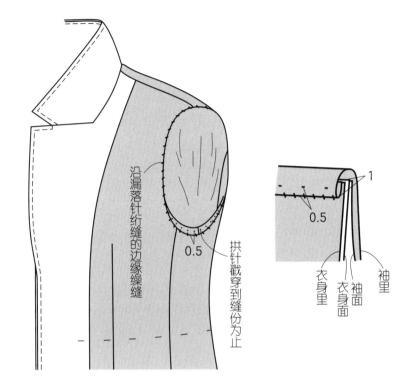

沿漏落针绗缝的边缘缲缝

0.5

拱针戳穿到缝份为止

0.5

1

衣身里　衣身面　袖面　袖里

## 9 将下摆里子翻折并暗缲

挂面下摆的处理。

将里子下摆缝位置如下图所示翻起，松松地缲缝。

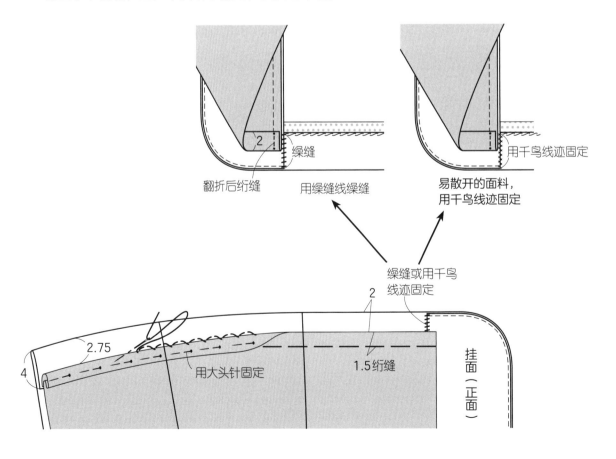

2

翻折后绗缝　　用缲缝线缲缝

用千鸟线迹固定

易散开的面料，用千鸟线迹固定

缲缝或用千鸟线迹固定

2

2.75

4

用大头针固定

1.5绗缝

挂面（正面）

# 第7工序　后整理

## 1　在驳头翻折线里面用拱针固定

将驳折线按成品形态翻折，保证驳头面的外围部分的松量后绗缝，挂面侧用拱针固定时戳穿到衣身上的衬。

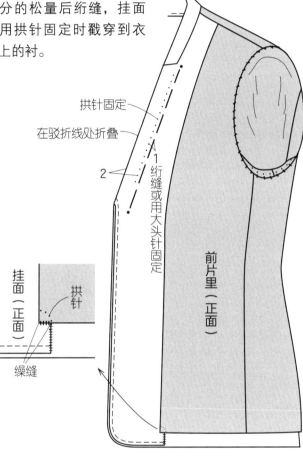

拱针固定

在驳折线处折叠

2

1 绗缝或用大头针固定

前片里（正面）

挂面（正面）

拱针

缲缝

## 2　锁扣眼

在门襟侧前衣身上锁圆头扣眼。
锁扣眼线用丝线或30号涤纶线。

## 3　成衣整烫

● 为了防止熨烫产生极光，将垫布盖在成衣正面上面熨烫。

● 省道、缝，要在熨斗熨烫不足的地方再次熨烫。

● 口袋要放在馒头上整烫。

● 装领线的缝要在领里侧用熨斗压烫，以使之比较薄。

● 肩部要放在馒头上（如着装状态下）整理好形状，喷上少量水，使垫肩与肩部吻合，用熨斗熨烫。注意不要将熨斗碰到袖山而破坏袖山的饱满造型。

● 将领子翻折好，驳头上部要轻轻烫出翻折线痕迹。

## 4　去除假缝线

将衣身里子缝上的缝线用锥子尖拉出后拔掉。

## 5　装纽扣

纽扣线脚的长度应为前端门襟止口的厚度量。

为增加强度，在挂面处装上垫扣。

钉纽扣线用丝线或30号涤纶线。

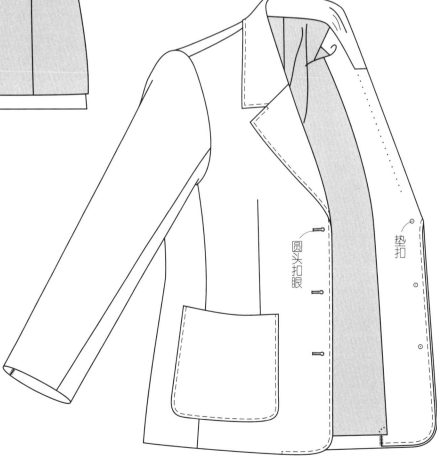

圆头扣眼

垫扣

## 1.6.2 无夹里西装

不装里布的制作方法，比较适合滑爽细密的机织物，适宜选用比较柔软的衬。

无夹里服装的缝份处理方法分为分缝处理与倒缝处理，两者有区别。分缝处理有滚边、拷边后折叠缝、折边缝及直接拷边。倒缝处理有内包边缝、拷边后缉明线扣压缝等。

缝制顺序参照全夹里西装方法。这里只对无夹里西装的样板制作方法、挂面的裁剪和贴衬的方法、袖口衩的做法作说明。

### 1）样板制作
#### ● 缝份加放方法

与全夹里服装一样，缝份是与净缝线作平行线加出的。在缝份分缝或倒缝情况下，都要防止袖窿处的缝份错位，因此缝份都要延长作角度处理。

将角、缝份边缘、对位记号对齐缝合后，整理袖窿处的缝份，剪去多余的量。

缝份分缝时

在作角度位置时要做到缝份的 2 倍宽为止，延长净缝线，加放缝份。另一片也延长相同尺寸，作角度。

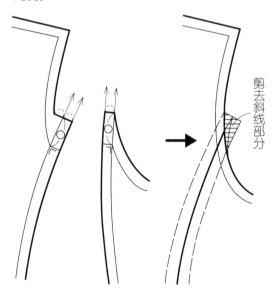

缝份倒向中心侧时

缝份的加放方法与分缝加放方法相同，但剪去量不同

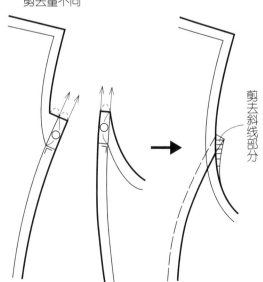

缝份倒向侧片侧时

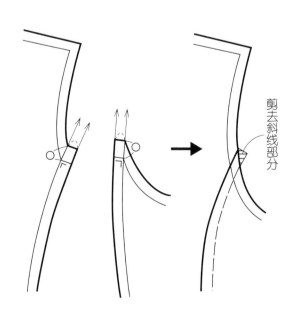

衣身、袖子的缝份加放

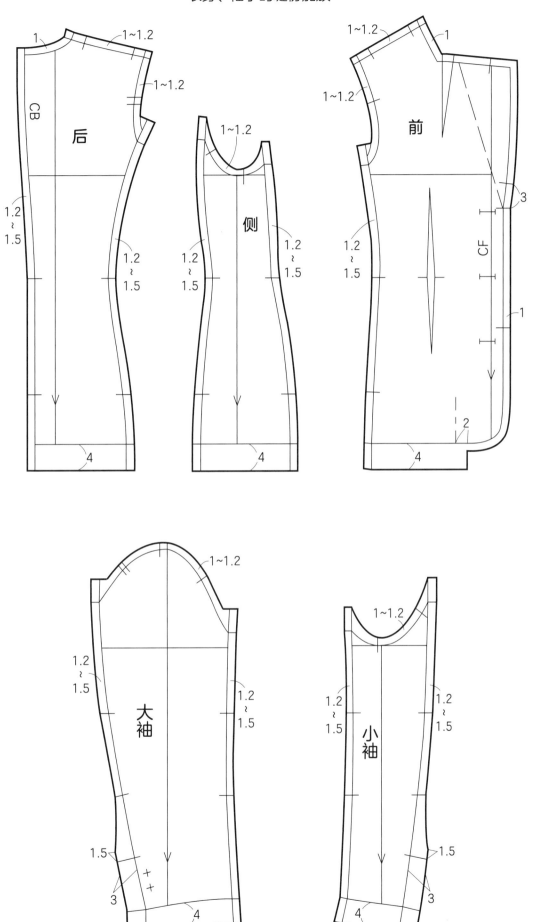

# 领面、领里、挂面的缝份加放

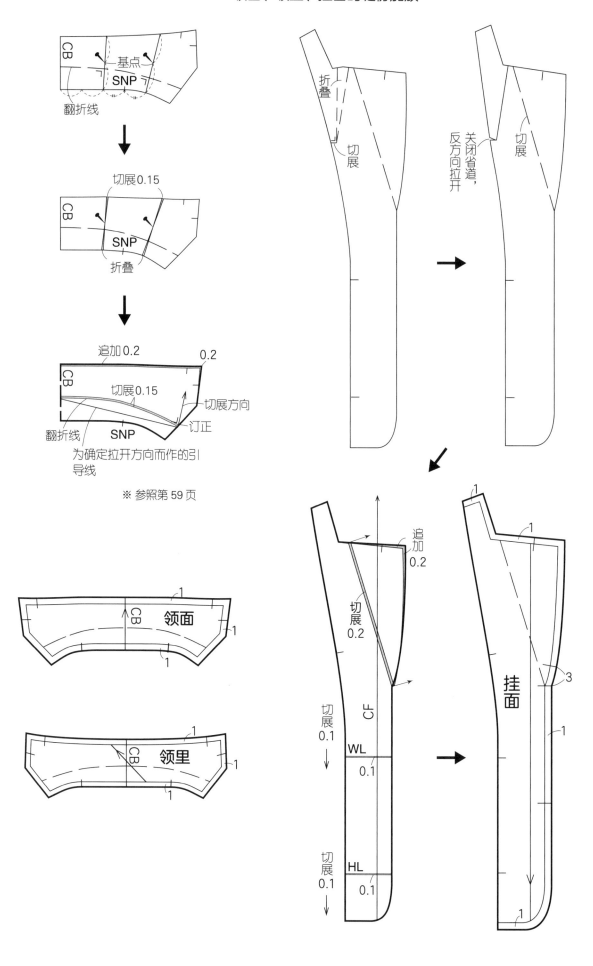

CB  基点  SNP
翻折线

切展0.15
CB  SNP  折叠

追加0.2  0.2
CB
切展0.15
切展方向
翻折线  SNP  订正
为确定拉开方向而作的引导线

※ 参照第 59 页

折叠  切展

关闭省道，反方向拉开

切展

追加0.2
切展0.2
CF
切展0.1  WL
0.1
切展0.1  HL
0.1

1
1
挂面
3
1
1

领面  CB

领里  CB

● 缝份的处理

**缝份分缝的方法**

根据面料的不同，有四种方法：
滚边；
拷边后折缝；
缝份边缘三折缝；
拷边。

① 滚边。

它指将缝份的裁剪端用薄料（里布）的斜料带子卷缝包住，适用于不透明的面料。

**方法**：将正斜 45° 的斜料带子轻轻拉伸烫，然后将面料缝份与斜料带子边缘对齐，用大头针固定。距边缘 0.3~0.4cm 处车缝或拷边（图1、图2）。包住裁剪边，滚边的边缘处用大头针固定（图3）。一边拔掉大头针，一边沿斜料带子的边缘用漏落缝固定。在滚边的上边缉明线。翻折滚条时，注意不要使净缝线变形（图4、图5）。

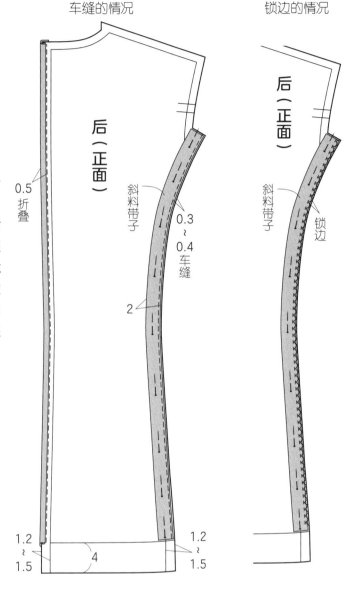

图1　车缝的情况

图2　锁边的情况

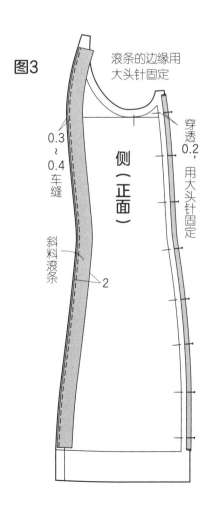

图3

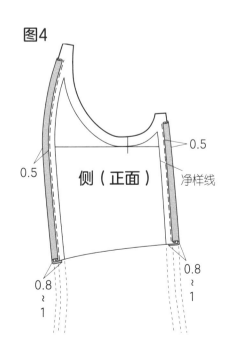

图4

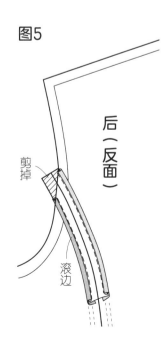

图5

② 拷边后折缝。

用于薄且易散开的面料。缝份宽度可以窄一些，适合应用于弧度大的曲线。

**方法**：在正面对裁剪端拷边，将拷边线迹 0.3~0.4cm 宽向里折叠后车缝（图 6）。

③ 裁剪端口处折缝。适用于不易散开的面料。

**方法**：将裁剪端向里折叠后车缝（图 7）。

④ 拷边。用于厚质地、不易散开的面料，在休闲服上用得较多。拷边线圈易拉出，磨损后易切断。

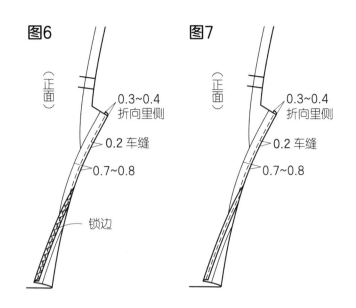

图6　图7

**缝份倒缝的方法**

① 将两片衣片的缝份重叠后一起拷边。

这种方法因缝份宽度可以做窄，所以可以在薄的透明面料以及易散开的面料上使用。

**方法**：将裁剪端对齐后锁边。缝份窄时，可以边裁切边拷边。在缉明线的场合下，由缉明线离净缝线距离确定相应的缝份宽。

缉明线的种类

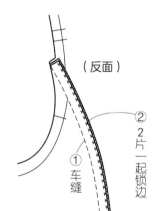

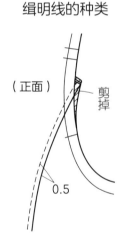

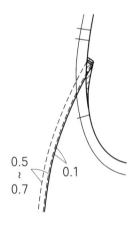

② 包缝。

用于薄型、易散开的面料以及需要制作得结实的服装上。

① 将裁剪端对齐后缝合　② 修剪倒向侧缝的缝份　③ 将缝份按完成后宽度折叠后车缝　④ 缉明线

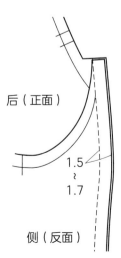

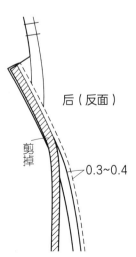

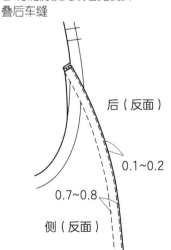

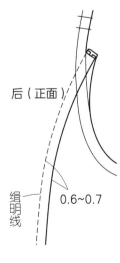

## 2）挂面的裁剪和贴衬的方法

### 无夹里情况（A）

法国风格的制作方法。为了保证领子不变形，在后领窝处装领贴边。适合休闲穿着的用棉、麻、化学纤维等面料做的西装。

衬的粘贴方法

后领围贴边

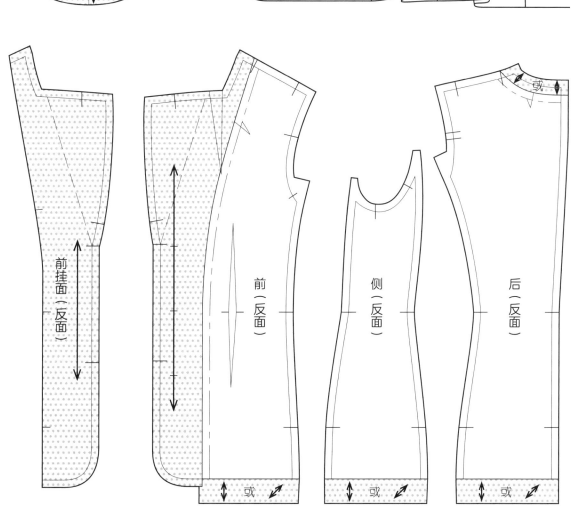

前挂面（正面）

前（反面）

侧（反面）

后（反面）

后领围挂面（正面）

滚边

或

前挂面（反面）

前（反面）

侧（反面）

后（反面）

或

或

或

或

## 无夹里情况（B）

整个前衣身装挂面，为防止背面变形，后衣身贴边较宽。适合装垫肩的情况。适宜于薄而不透的面料。

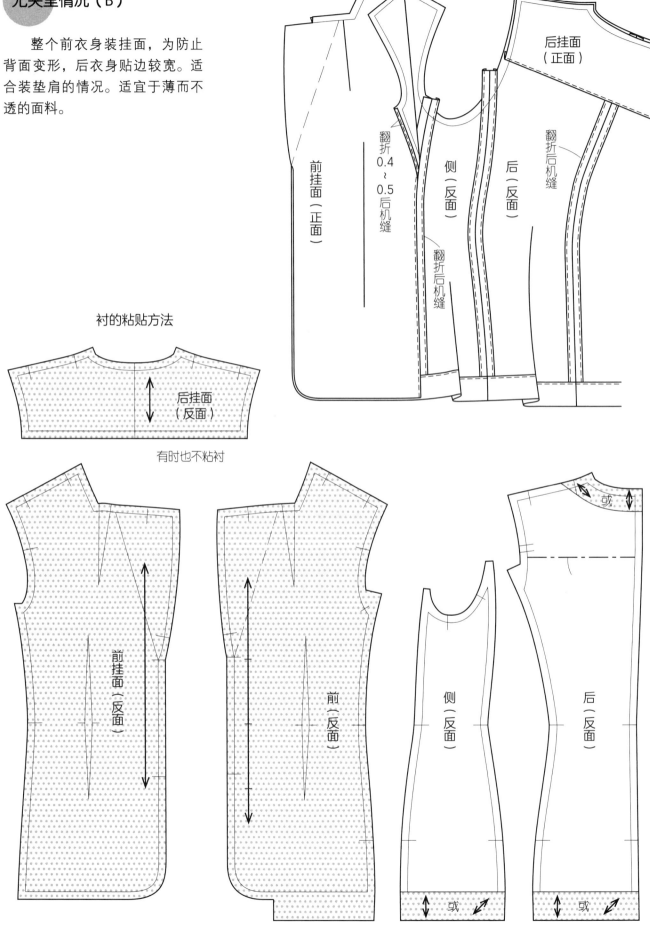

衬的粘贴方法

有时也不粘衬

后挂面（反面）

前挂面（正面）

翻折0.4~0.5后机缝

侧（反面）

翻折后机缝

后（反面）

翻折后机缝

后挂面（正面）

前挂面（反面）

前（反面）

侧（反面）

后（反面）

或

## 无夹里情况（C）

将后衣身从肩线一直到装袖线装挂面。其比较适合厚型、不滑爽的面料。

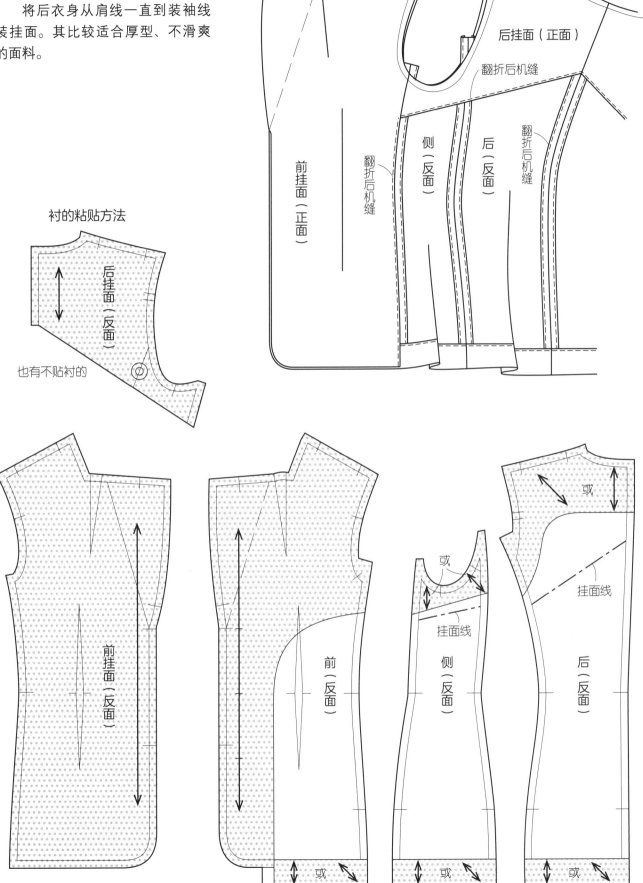

衬的粘贴方法

后挂面（反面）

也有不贴衬的

后挂面（正面）

前挂面（正面）

翻折后机缝

翻折后机缝

侧（反面）

后（反面）

前挂面（反面）

前（反面）

挂面线

或

侧（反面）

挂面线

后（反面）

或

或

或

或

或

### 3）袖口衩的制作方法

无夹里袖子的袖底缝的缝份处理有倒向大袖侧的，也有分缝的。

衩的制作方法有真衩与假衩两种。

这里介绍缝份边缘采用滚边处理的方法。

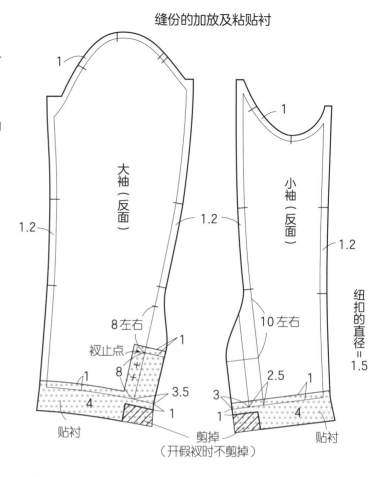

缝份的加放及粘贴衬

大袖（反面）

小袖（反面）

纽扣的直径＝1.5

8左右

10左右

衩止点

贴衬

剪掉
（开假衩时不剪掉）

贴衬

**真衩的制作方法**

**1** 小袖片袖衩处的缝份用滚边处理，缝袖口

**2** 正正相叠，将大袖缝缝到衩止点

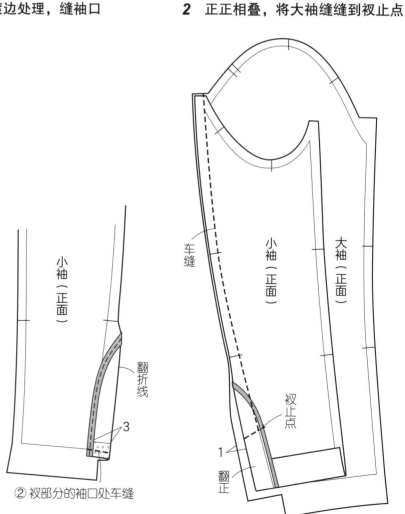

小袖（正面）

小袖（正面）

翻折线

① 衩处的缝份用滚边处理

② 衩部分的袖口处车缝

车缝

小袖（正面）

大袖（正面）

衩止点

翻正

**3** 将两层缝份一起滚边

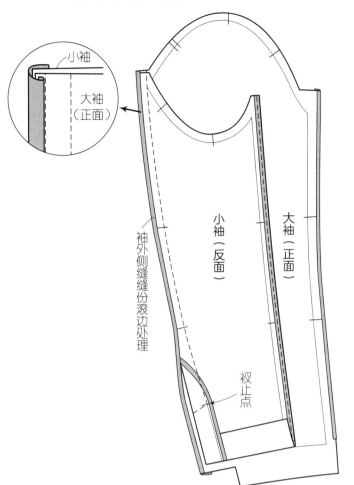

小袖
大袖（正面）

袖外侧缝缝份滚边处理

小袖（反面）

大袖（正面）

衩止点

**4** 将大袖袖口车缝并整理

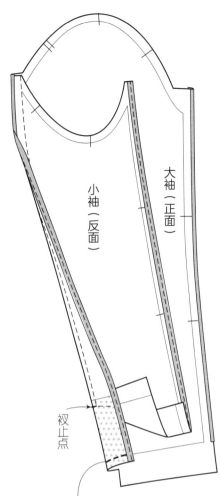

小袖（反面）

大袖（正面）

衩止点

大袖袖衩的部分袖口处车缝

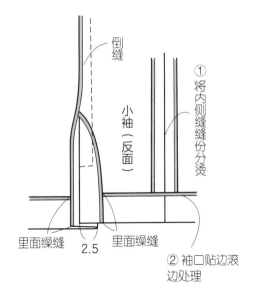

倒缝

将内侧缝缝份分烫①

小袖（反面）

里面缲缝　2.5　里面缲缝

②袖口贴边滚边处理

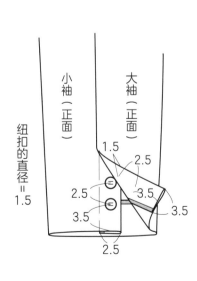

小袖（正面）

大袖（正面）

纽扣的直径=1.5

1.5

2.5

2.5

3.5

3.5

3.5

2.5

**假衩的制作方法**

**1** 缝份滚边

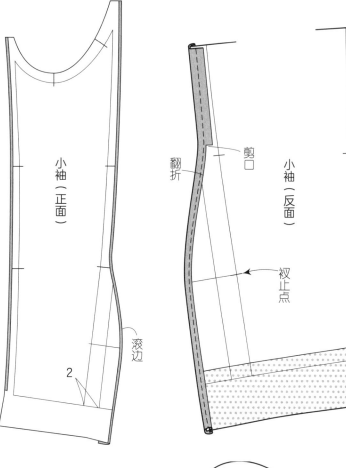

小袖（正面）

滚边

2

翻折

剪口

小袖（反面）

衩止点

**2** 将小袖和大袖正正相叠，缝合外袖缝

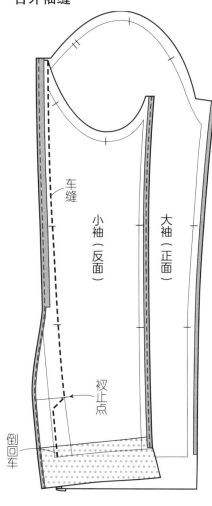

车缝

小袖（反面）

大袖（正面）

衩止点

倒回车

**3** 分烫外袖缝，整理衩

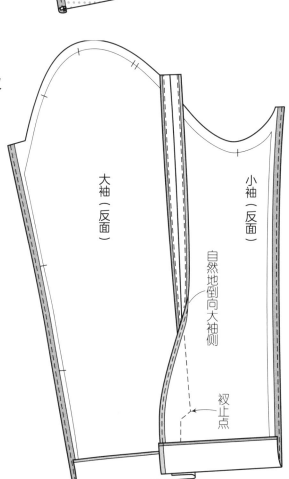

大袖（反面）

小袖（反面）

自然地倒向大袖侧

衩止点

## 4）无夹里西装制作后的整理

将前挂面、侧缝缝份缲缝，下摆滚边处暗缲。

将后领贴边、后中心的缝份用线襻固定。此外，袋布重叠时，仅将口袋上部袋布深的 1/3 左右固定，驳头的驳折线里侧要用拱针固定。

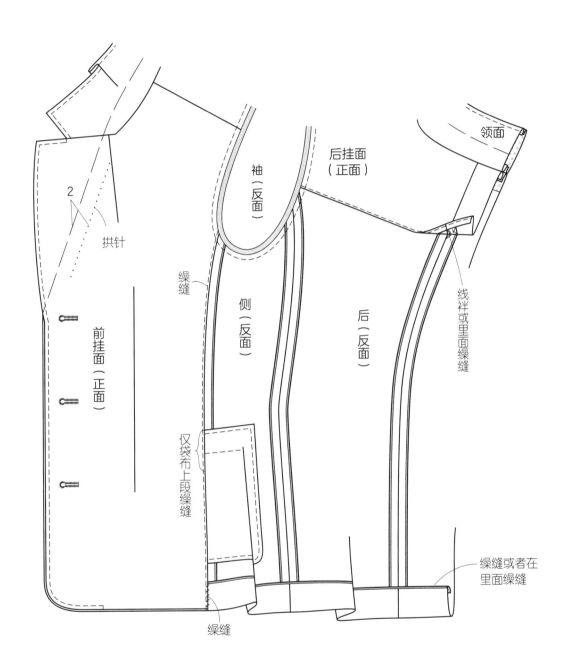

## 1.6.3 半夹里西装

西装、大衣类的成衣制作，除了有全夹里制作工艺外，也有部分装夹里的半夹里制作工艺。

这样既能保证夏天穿着西装凉爽，又能保证秋冬穿着轻快、方便。

半夹里制作工艺应特别注意在无里布位置缝份的处理、折边、口袋布等，以及根据服装的造型和面料来选择适当的缝制工艺，这是很重要的。

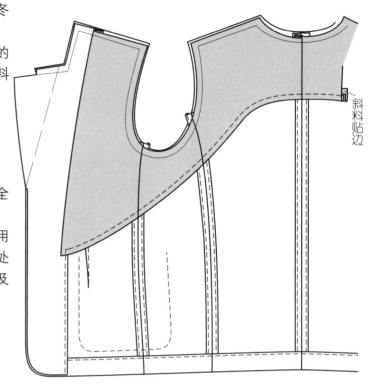

斜料贴边

### （1）常规半夹里的制作工艺

里布的纸样，以腰围线、胸围线为基准，袖子全部装里布。

在前衣片装口袋袋布时，看得见的一片袋布使用面料，袋布周围的缝份处理方法与其他地方的缝份处理方法相同。半夹里工艺常用于不透明面料的西装及大衣上。

里布和挂面的裁剪方法

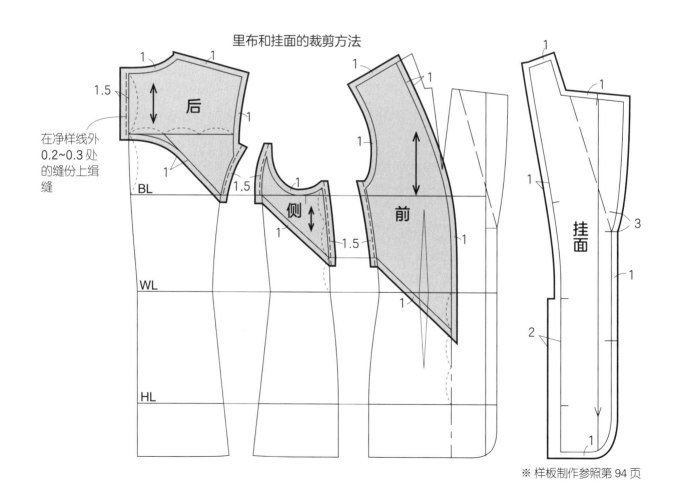

在净样线外0.2~0.3处的缝份上缉缝

※ 样板制作参照第94页

104

里布的缝制方法是先缝合里布的后中心线、刀背分割线，再处理下摆缝份，最后与前挂面缝合。

半夹里的下摆处缝份处理，因弧线弧度强，所以要用同种里布的斜料贴边处理。

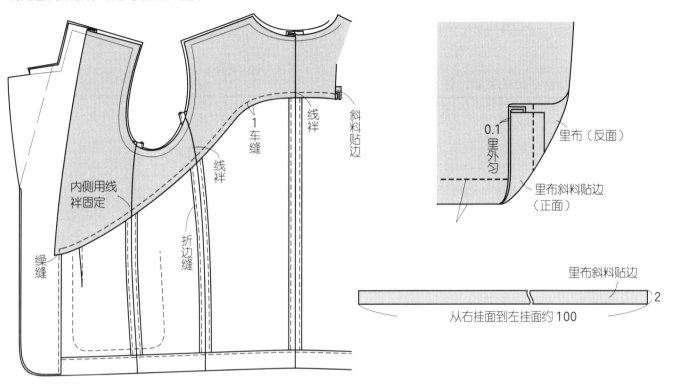

内侧用线襻固定

缲缝

车缝

线襻

线襻

折边缝

斜料贴边

0.1 里外匀

里布（反面）

里布斜料贴边（正面）

里布斜料贴边

从右挂面到左挂面约 100

2

袋布被固定住的情况

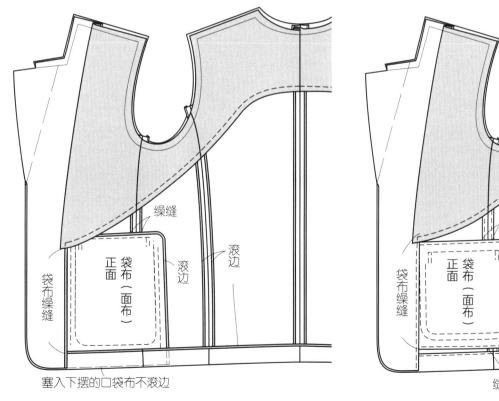

缲缝

滚边

滚边

袋布（面布）正面

袋布缲缝

塞入下摆的口袋布不滚边

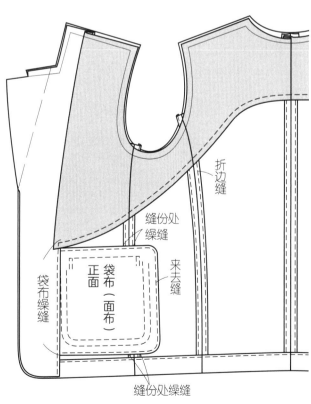

折边缝

缝份处缲缝

来去缝

袋布（面布）正面

袋布缲缝

缝份处缲缝

## （2）无背夹里的制作工艺

用在柔软型的西装上。前衣身和袖子为全夹里，后衣身夹里为背长的1/3。

### 1）无背夹里的工艺（A）

背夹里有2片且有部分重叠，这样很结实。适合厚型面料如毛料等。

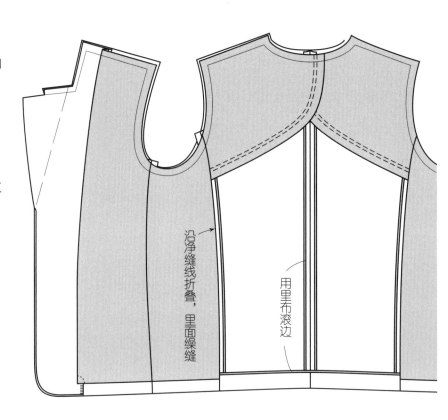

里布的裁剪方法

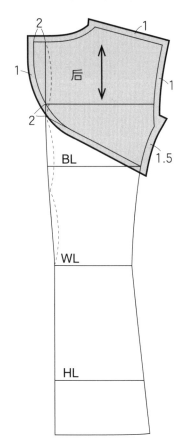

沿净缝线折叠，里面缲缝

用里布滚边

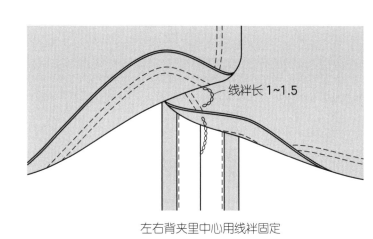

线袢长 1~1.5

左右背夹里中心用线袢固定

后中心背夹里重叠

中心合并绗缝

背夹里的缝制方法

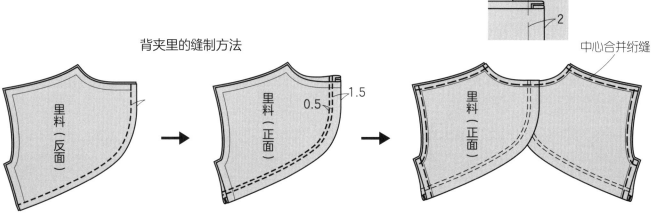

## 2）无背夹里的工艺（B）

背夹里的下摆采用三折边缝型。

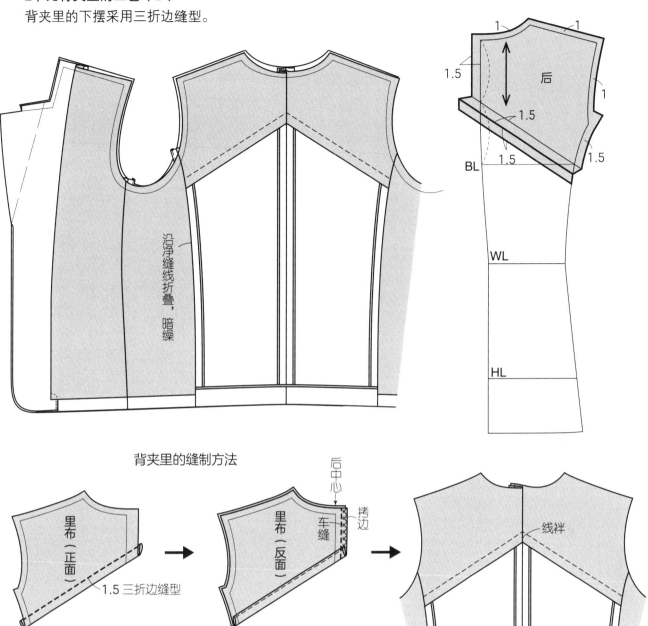

沿净缝线折叠，暗缲

后

BL

WL

HL

### 背夹里的缝制方法

里布（正面）

1.5 三折边缝型

后中心

里布（反面）

车缝

拷边

线袢

## 3）无背夹里的工艺（C）

背夹里中心处要连裁，下摆要水平，为横丝缕线，便于缝制。

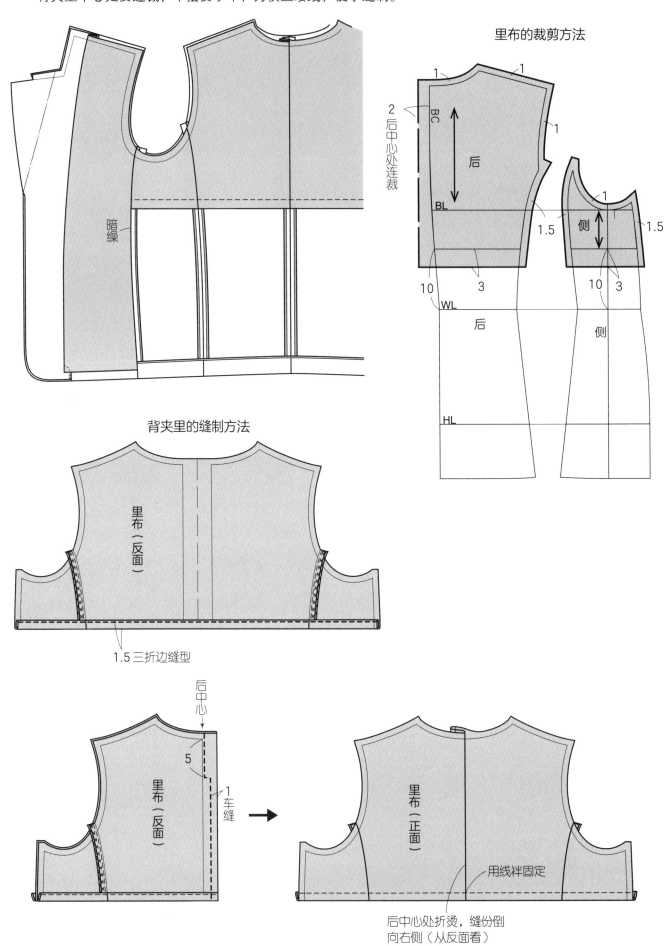

里布的裁剪方法

背夹里的缝制方法

1.5 三折边缝型

后中心处折烫，缝份倒
向右侧（从反面看）

# 1.7 部件缝制

（对几个缝制要点进行说明）

## 1.7.1 戗驳领

（第 28 页中款式）

戗驳领在男式的双排扣西装中比较多见，驳头的尖端处的锐角成为了重点。

下面对为了具有男性风格的感觉而对肩部加入增衬的方法进行说明。

**挂面、前片里子的样板制作**

（领面的展开法参照第59页）

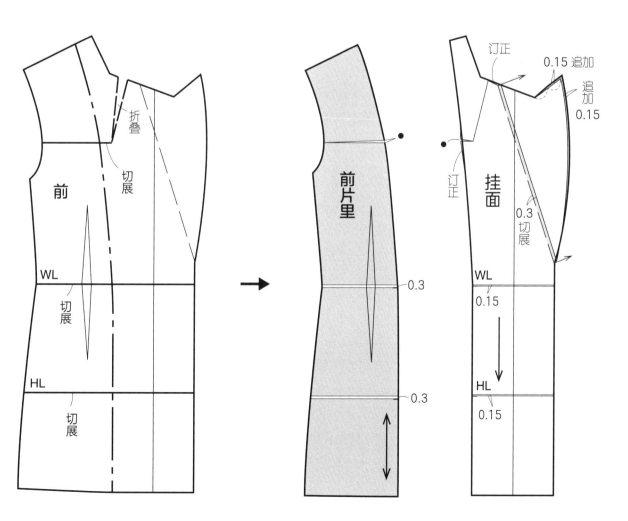

**1  贴防止拉伸的牵带**

**2  缝省道、前分割缝**

省道下面垫布的缝制方法参照第 74 页。

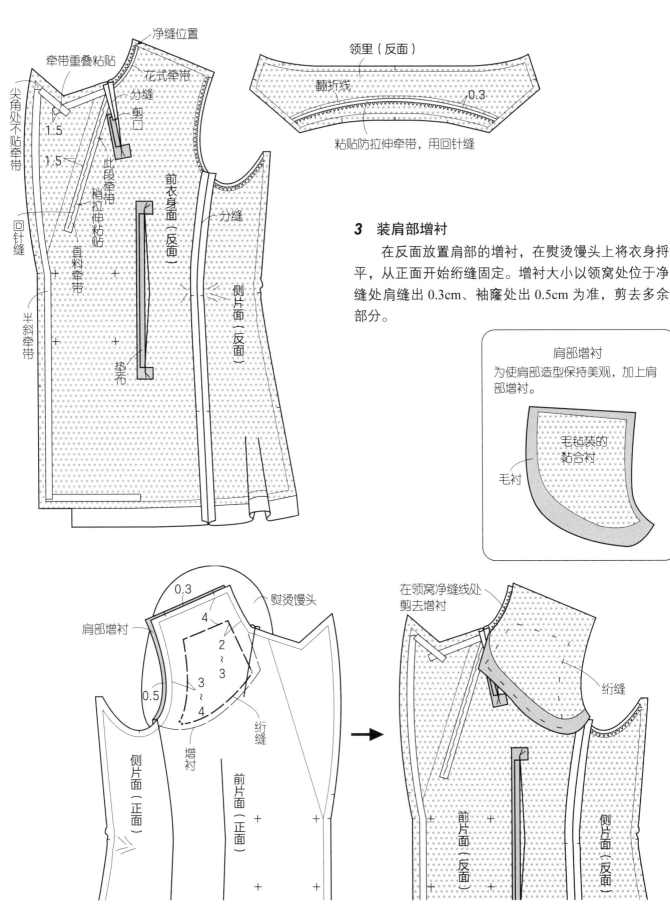

净缝位置

牵带重叠粘贴

花式牵带

分缝

剪口

尖角处不贴牵带

1.5

此段牵带稍拉伸粘贴

1.5

回针缝

首料牵带

前衣身面（反面）

分缝

侧片面（反面）

半斜牵带

垫布

领里（反面）

翻折线

0.3

粘贴防拉伸牵带，用回针缝

**3  装肩部增衬**

在反面放置肩部的增衬，在熨烫馒头上将衣身捋平，从正面开始绗缝固定。增衬大小以领窝处位于净缝处肩缝出 0.3cm、袖窿处出 0.5cm 为准，剪去多余部分。

肩部增衬

为使肩部造型保持美观，加上肩部增衬。

毛毡装的粘合衬

毛衬

0.3

肩部增衬

4

2~3

3~4

0.5

熨烫馒头

绗缝

增衬

侧片面（正面）

前片面（正面）

在领窝净缝线处剪去增衬

绗缝

前片面（反面）

侧片面（反面）

## 4 缝肩缝

肩缝分缝，在熨烫馒头上把增衬放在肩部，在肩缝处用漏落针绗缝固定。

增衬与后肩缝的缝份固定。

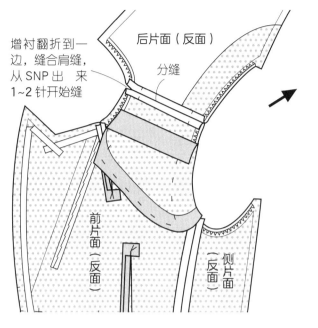

增衬翻折到一边，缝合肩缝，从SNP出 来1~2针开始缝

后片面（反面）

分缝

前片面（反面）

侧片面（反面）

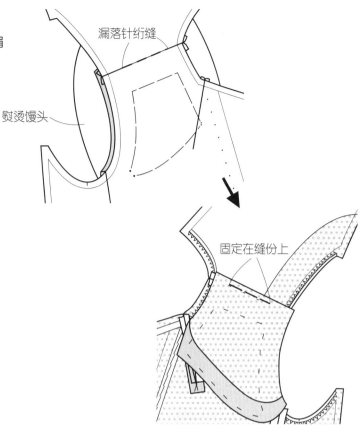

漏落针绗缝

熨烫馒头

固定在缝份上

## 5 缝后分割缝

肩部增衬

后片面（反面）

侧片面（反面）

分缝

分缝

## 6 在衣身面子上装领里子

在前领窝的转角处的缝份上打剪口，避开增衬，装领里子。

在装领止点和缝份紧的地方打剪口，分缝。

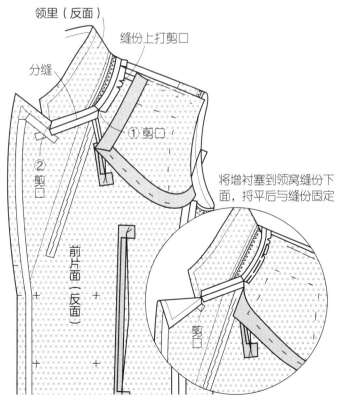

领里（反面）

缝份上打剪口

分缝

①剪口

②剪口

前片面（反面）

将增衬塞到领窝缝份下面，将平后与缝份固定

剪口

## 7 在衣身里子处装领面

挂面的前领窝转角处打剪口，装领面。

装领止点和领面的侧颈点的缝份处打剪口，将前领窝的缝份分缝，后领窝的缝份紧的地方打剪口，缝份倒向衣身。

## 8 缝前门襟、领外围

衣身面子和衣身里子的装领止点位置，四点对齐固定好后缝合。驳头的尖角处以一针横向缝。

将缝份修剪得窄一点，分烫之后折叠整理，然后再翻到正面后熨烫整理。

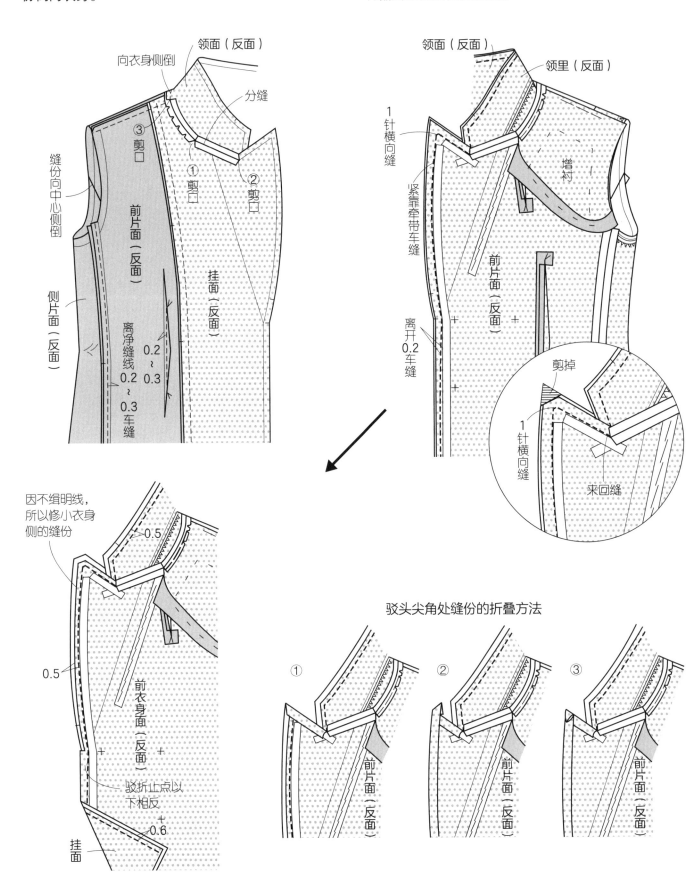

驳头尖角处缝份的折叠方法

## 1.7.2 青果领

（第 31 页中款式）

此款领为领面和挂面连在一起裁剪的，领里装在衣身上，从前门襟开始一直到领外围车缝的制作方法。

领面和挂面的样板制作，根据样板上 SNP 点处领子与衣身是否有重叠量来定，有两种方法：

A. 有重叠量时，将前领窝的挂面分割，与后领贴边连在一起。

B. 无重叠量时，将后装领线与挂面在 SNP 点处连顺，通过归拔处理，使领与颈部吻合。

因后中心需连裁，挂面前端又要保证直丝缕，所以挂面必须断开。不管方法 A 或 B，都要在挂面下端不太醒目的位置加入分割线拼接。

**方法 A：领窝处装挂面的方法（SNP 处领子与衣身有交叉重叠量时）**

领面、挂面样板制作

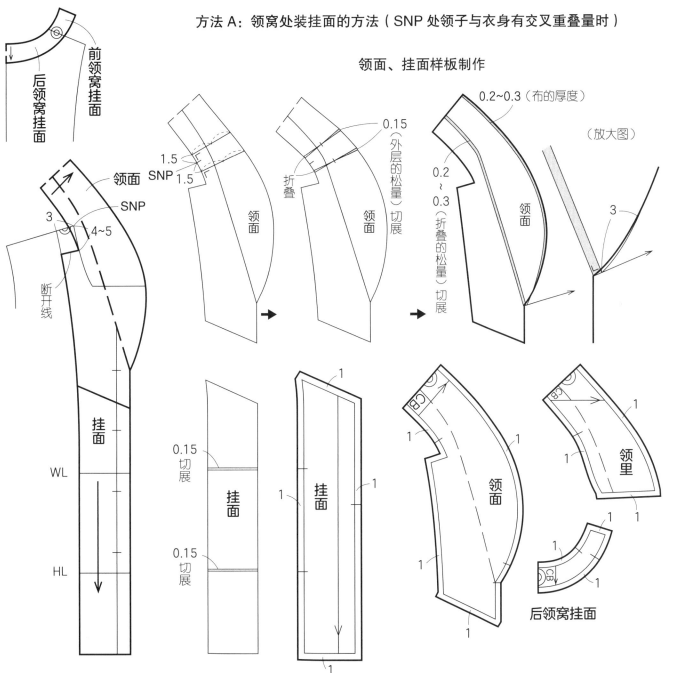

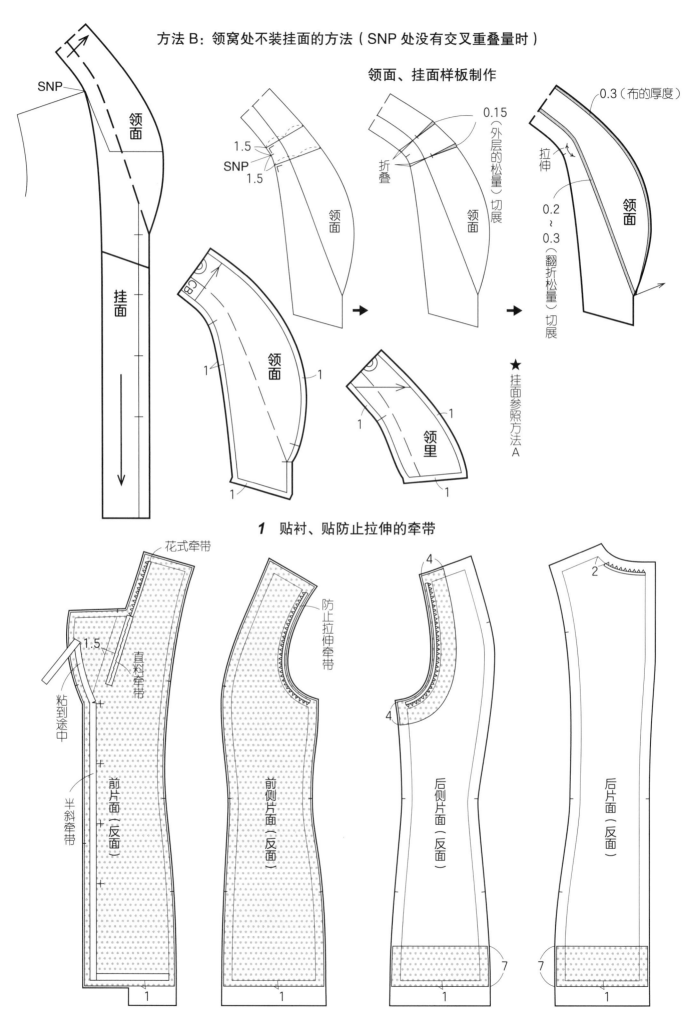

方法 B：领窝处不装挂面的方法（SNP 处没有交叉重叠量时）

领面、挂面样板制作

SNP

领面

挂面

1.5
SNP
1.5

领面

0.15
（外层的松量）切展

折叠

领面

0.3（布的厚度）

拉伸

0.2
~
0.3
（翻折松量）切展

领面

CB

领面

1

1

1

领里

1

1

★ 挂面参照方法 A

1

**1 贴衬、贴防止拉伸的牵带**

花式牵带

1.5

粘到途中

直料牵带

半斜牵带

前片面（反面）

1

防止拉伸牵带

前侧片面（反面）

1

4

4

后侧片面（反面）

7

1

2

后片面（反面）

7

1

114

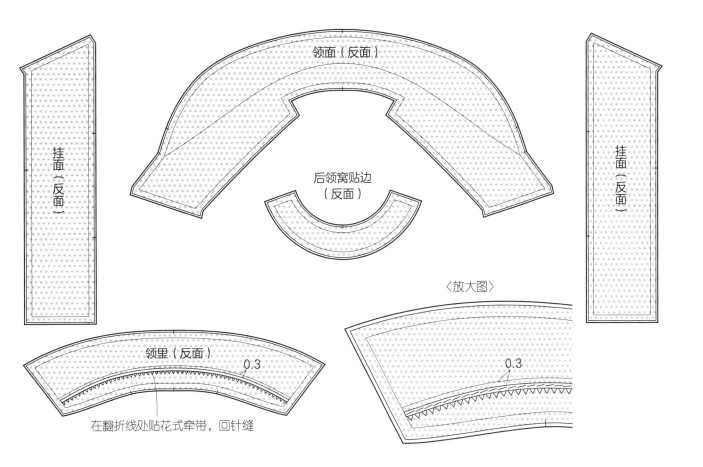

领面（反面）

后领窝贴边
（反面）

挂面
（反面）

挂面
（反面）

〈放大图〉

领里（反面）　0.3

0.3

在翻折线处贴花式牵带，回针缝

**2** 在衣身面子上装领里

　　缝分割缝，在前/后肩缝缝合的衣身上装领里。

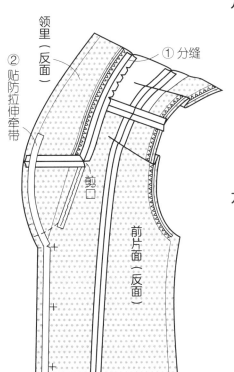

领里（反面）

① 分缝

② 贴防拉伸牵带

剪口

前片面（反面）

**3** 将衣身面和衣身里正正相对，缝合前门襟、领外围线

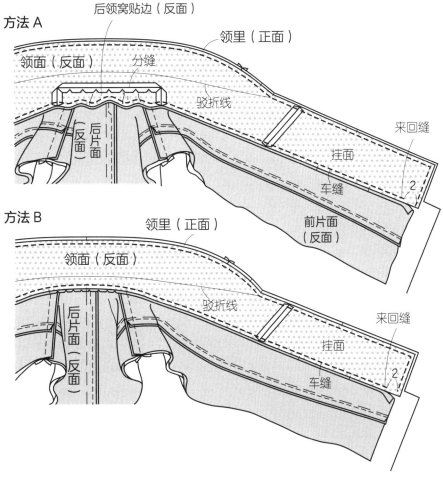

后领窝贴边（反面）

**方法 A**

领面（反面）　分缝

领里（正面）

后片面（反面）

驳折线

来回缝

挂面

车缝

2

前片面（反面）

**方法 B**

领里（正面）

领面（反面）

后片面（反面）

驳折线

来回缝

挂面

车缝

2

## 1.7.3 领座分割的翻折领

（第 34 页中款式）

为使翻折领达到贴合脖子的效果，在翻折线里面将领座部分分割。

### 领里的样板制作

将后中心到 SNP 点间线段三等分，添加辅助线，辅助线方向以垂直翻折线为准

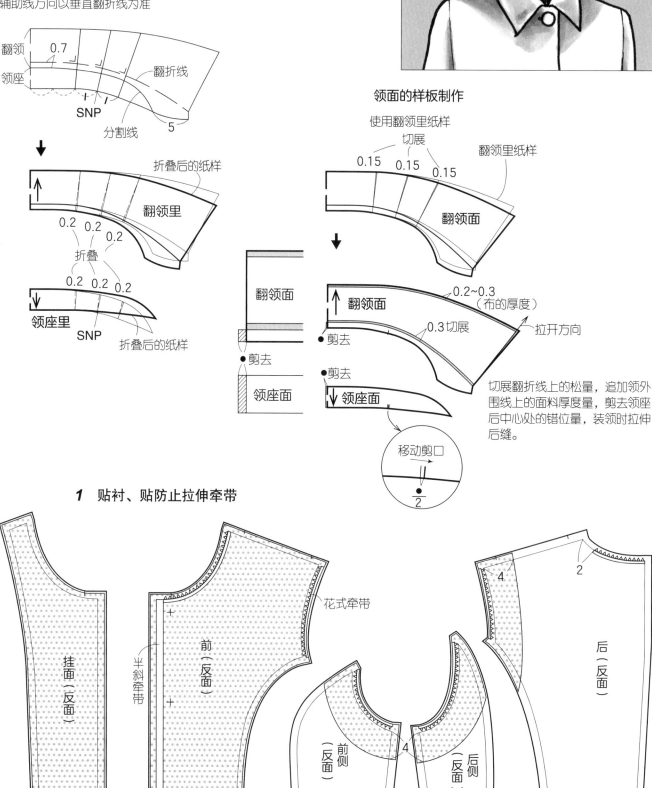

翻领
领座
0.7
翻折线
SNP
分割线
5

折叠后的纸样
翻领里
0.2 0.2 0.2
折叠
0.2 0.2 0.2
领座里
SNP
折叠后的纸样

### 领面的样板制作

使用翻领里纸样
切展
翻领里纸样
0.15 0.15 0.15
翻领面

翻领面
翻领面
0.2~0.3
（布的厚度）
剪去
0.3切展
拉开方向
领座面
剪去
领座面
移动剪口
2

切展翻折线上的松量，追加领外围线上的面料厚度量，剪去领座后中心处的错位量，装领时拉伸后缝。

### *1* 贴衬、贴防止拉伸牵带

挂面（反面）
半斜牵带
前（反面）
花式牵带
前侧（反面）
后侧（反面）
后（反面）
4
2
4

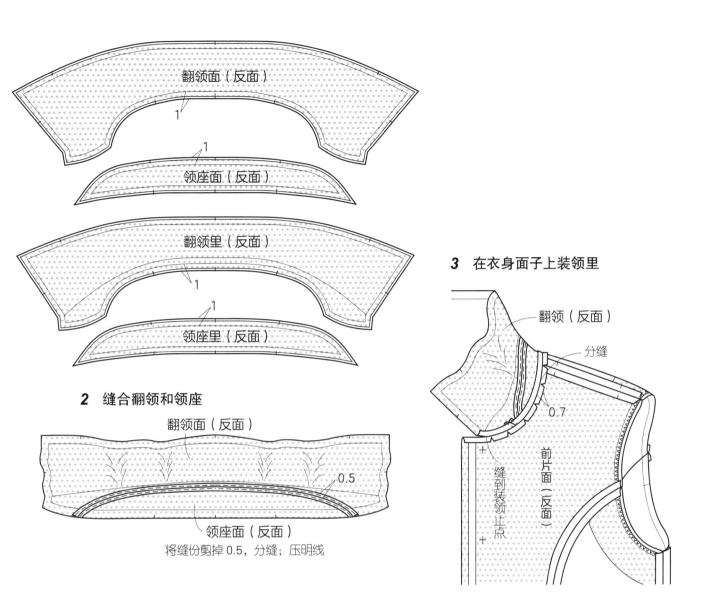

翻领面（反面）

1

领座面（反面）

翻领里（反面）

1

1

领座里（反面）

**2  缝合翻领和领座**

翻领面（反面）

0.5

领座面（反面）

将缝份剪掉 0.5，分缝；压明线

**3  在衣身面子上装领里**

翻领（反面）

分缝

0.7

前片面（反面）

缝到装领止点

**4  在衣身里子上装领面**

领面（反面）

向衣身侧倒

剪口

前片面（反面）

缝到装领止点

将缝份分烫

挂面（反面）

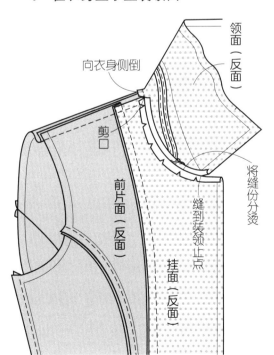

**5  将衣身面子与衣身里子正面相对，缝合前门襟与领外口**

① 从装领止点缝到前门襟。

② 从装领止点缝到领外围线。

领面（反面）

领里（反面）

车缝

前片面（反面）

后片面（反面）

车缝

装领止点

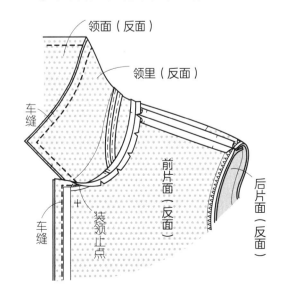

## 1.7.4 弧线型驳折领

（第 37 页中款式）

驳头另外裁剪的平坦式驳折领。如下图所示展开
领面和驳头面的纸样。

领面、驳头面的样板制作

领面

基点

1.5

SNP 1.5

0.2（领外弧线的松量）
切展

折叠

确定后中心

0.2~0.3（布的厚度）

0.2~0.3（翻折松量）

参照第 57 页

驳头面

翻折线切展

0.2~0.3
（布的厚度）

0.2~0.3
（翻折松量）

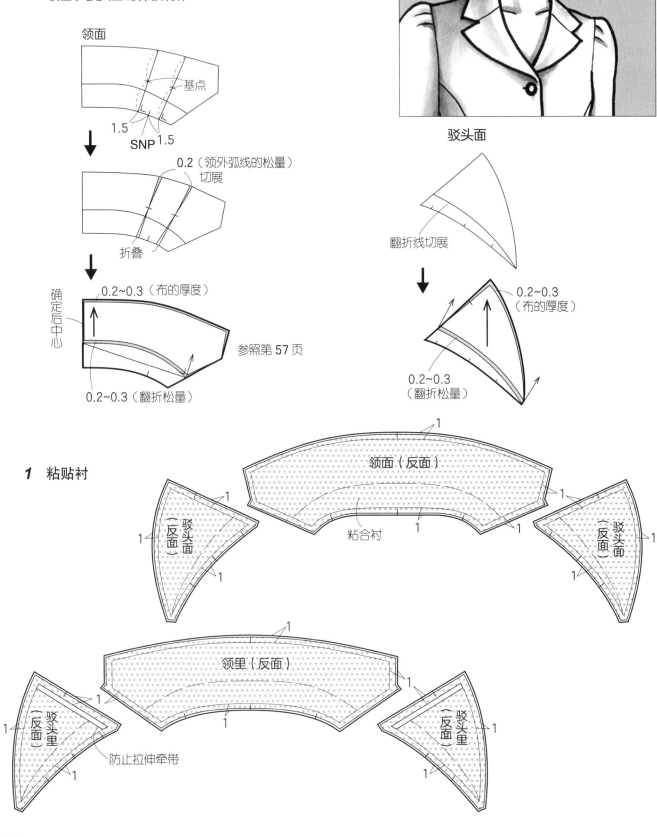

**1** 粘贴衬

1

领面（反面）

1

驳头面（反面）

1

驳头面（反面）

1

1

1

粘合衬

1

领里（反面）

1

驳头里（反面）

1

驳头里（反面）

1

1

防止拉伸牵带

1

防拉伸的
花式牵带

挂面（反面）

前衣身（反面）

前侧（反面）

后侧（反面）

后衣身面（反面）

2

4

4

**2  领子和驳头的缝合**

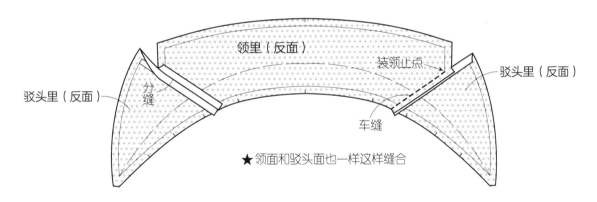

领里（反面）

装领止点

驳头里（反面）

驳头里（反面）

分缝

车缝

★领面和驳头面也一样这样缝合

**3  翻折线处贴防拉伸牵带**

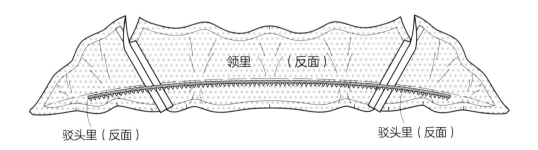

领里　　（反面）

驳头里（反面）

驳头里（反面）

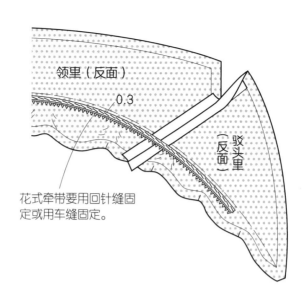

领里（反面）

0.3

驳头里（反面）

花式牵带要用回针缝固定或用车缝固定。

**4** 在衣身里子上装领面

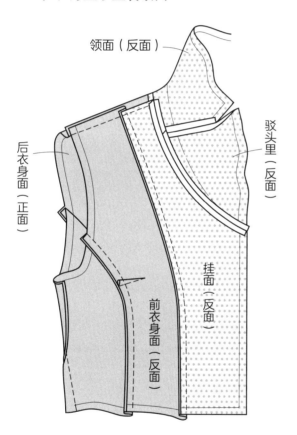

领面（反面）

后衣身面（正面）

驳头里（反面）

前衣身面（反面）

挂面（反面）

**5** 在衣身面子上装领里、驳头，门襟处贴防拉伸牵带

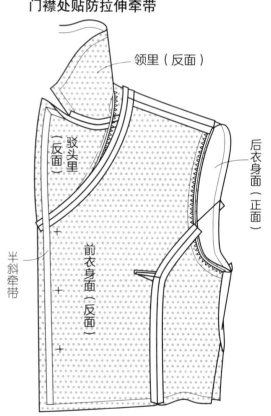

领里（反面）

驳头里（反面）

后衣身面（正面）

半斜牵带

前衣身面（反面）

**6** 将衣身面和衣身里正正相叠合缝，缝合前门襟、领外弧线

## 1.7.5 贴袋（无装饰）

用于厚的柔软面料。口袋里子要车缝，口袋面子要缲缝。

### 裁剪方法

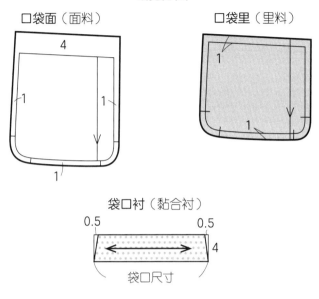

口袋面（面料）

4

1  1

1

口袋里（里料）

1

1

袋口衬（黏合衬）

0.5    0.5

4

袋口尺寸

### 2 整理口袋形状

用厚纸做出口袋面和口袋里的净样板，整理熨烫出口袋面和口袋里。

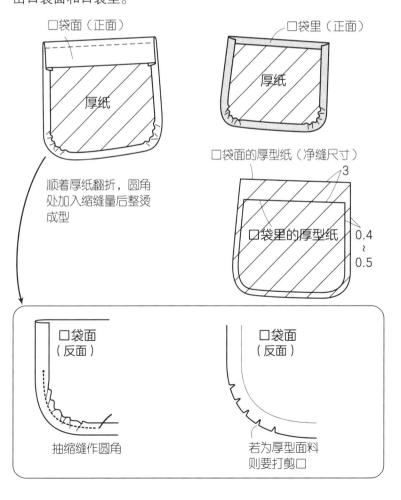

口袋面（正面）

厚纸

顺着厚纸翻折，圆角处加入缩缝量后整烫成型

口袋里（正面）

厚纸

口袋面的厚型纸（净缝尺寸）

3

口袋里的厚型纸

0.4 ~ 0.5

口袋面（反面）

口袋面（反面）

抽缩缝作圆角

若为厚型面料则要打剪口

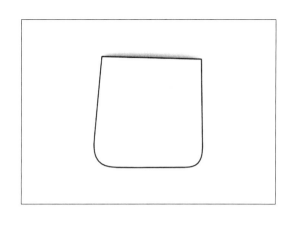

### 1 贴袋口衬

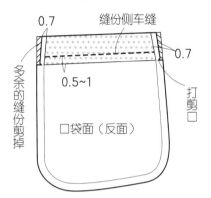

0.7    缝份侧车缝    0.7

多余的缝份剪掉

0.5~1

打剪口

口袋面（反面）

### 3 装口袋里子

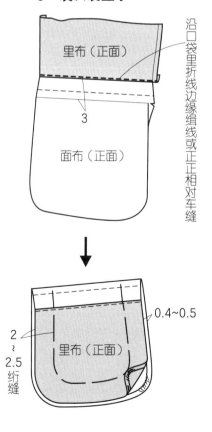

里布（正面）

3

面布（正面）

沿口袋里折线边缘缉线或正正相对车缝

0.4~0.5

2 ~ 2.5 缉缝

里布（正面）

**4　将口袋里子装在衣身上**

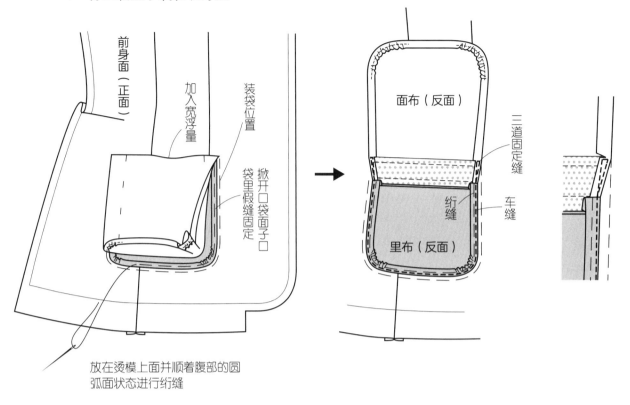

前身面（正面）

加入宽浮量

装袋位置

装袋位置

掀开口袋面子口

袋里假缝固定

放在烫模上面并顺着腹部的圆弧面状态进行绗缝

面布（反面）

三道固定缝

绗缝

车缝

里布（反面）

**5　在衣身上装口袋面子**

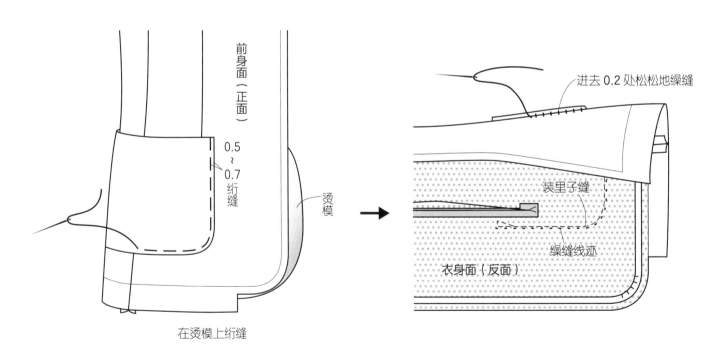

前身面（正面）

0.5~0.7绗缝

烫模

在烫模上绗缝

进去0.2处松松地缲缝

装里子缝

缲缝线迹

衣身面（反面）

## 1.7.6 缝中插袋

### （1）缝中插袋（A）

（第 164 页中款式）

利用摆缝和分割线等做插袋，在西装、背心、大
衣、连衣裙等服装上被广泛应用。这里以侧缝袋为例。

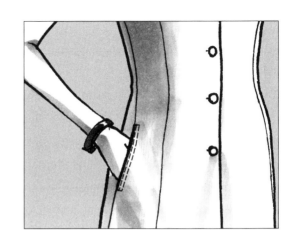

**裁剪方法**

袋口贴边由衣身连裁出来，与袋布 A 相连；装在袋布 B
上的袋垫布与面布同料，先将其装在袋布 B 上。

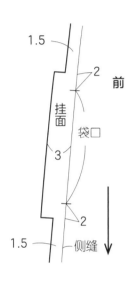

袋垫（面布）

袋布 A、B（里布或专用袋布，各 1 片）

**1** 在袋口处贴衬

**2** 在袋布 B 上装袋垫布

**3** 将前后侧片正正相对车缝，
留出袋口，其余部分缝合

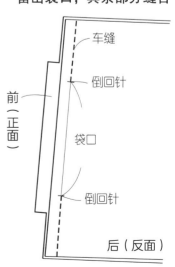

**4** 将缝份分缝，在前面袋贴边上装袋布 A

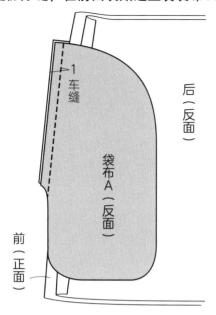

车缝
袋布 A（反面）
后（反面）
前（正面）

**5** 将袋布 A 翻到前衣片侧

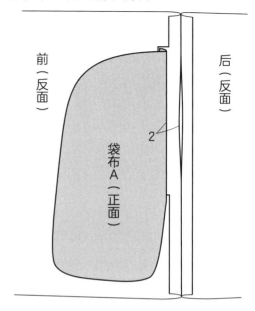

前（反面）
后（反面）
2
袋布 A（正面）

**6** 在袋口处正面缉明线

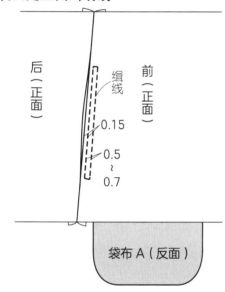

后（正面）
缉线
前（正面）
0.15
0.5
~
0.7
袋布 A（反面）

**7** 在后衣片上装袋布 B

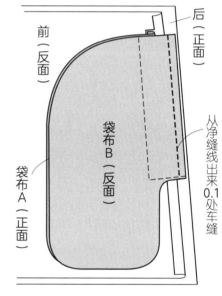

前（反面）
后（正面）
袋布 B（反面）
袋布 A（正面）
从净缝线出来 0.1 处车缝

**8** 将袋布 A、B 重叠，在周围车缝两道

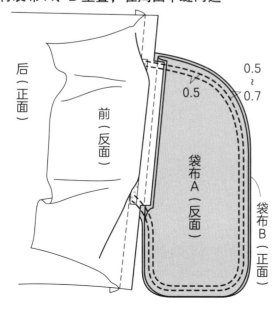

后（正面）
前（反面）
0.5
0.5
~
0.7
袋布 A（反面）
袋布 B（正面）

**9** 在袋口上下来回缝固定

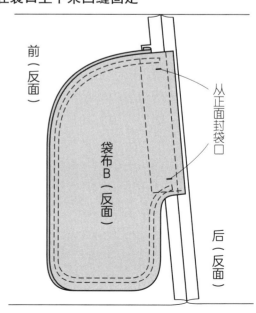

前（反面）
袋布 B（反面）
后（反面）
从正面封袋口

## （2）缝中插袋（B）

袋布连着衣身延伸出来裁剪的制作方法，常用于西装及夹克衫的侧缝袋。

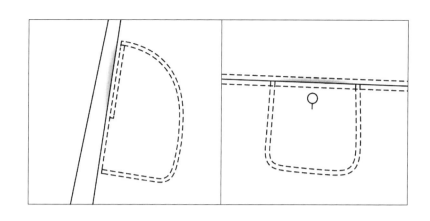

### 裁剪方法

从衣身连裁出，用一片袋布制作的方法

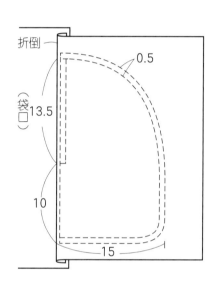

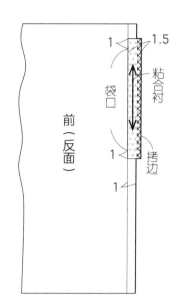

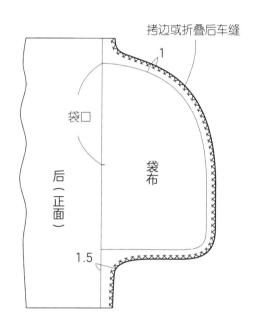

**1** 留出袋口，缝侧缝线

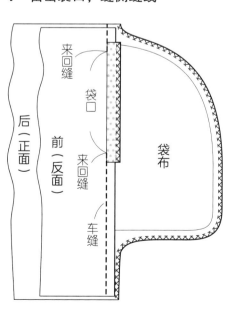

**2** 在袋口处缉明线

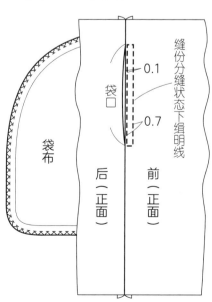

**3** 压明线固定袋布

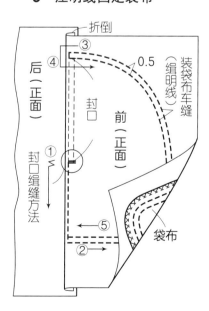

## 1.7.7 带袋盖挖袋

（第 28 页中）

　西装上常见的口袋有袋盖。可根据不同的面料选择相应的制作方法。

### （1）带袋盖挖袋（A）

　袋盖里子可根据面料的厚度来使用里布或使用面布。

#### 裁剪方法

袋盖面（面布）

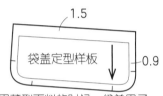

1.5

袋盖定型样板

0.9

用薄型面料的时候，袋盖里子用面布的情况也有，垫袋布也用面布

袋盖面（里布或面布）

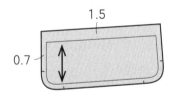

1.5

0.7

袋布 A、B（里布或专用口袋布）

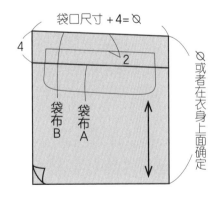

袋口尺寸 +4=∅

4

2

袋布 B

袋布 A

∅或者在衣身上面确定

袋嵌线布（面布）

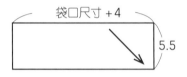

袋口尺寸 +4

5.5

垫袋布（里布或面布）

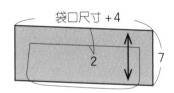

袋口尺寸 +4

2

7

嵌线衬（黏合牵带）

袋口尺寸 +4

1.5

〈对格〉

根据设计，衣身和袋盖的条子无法重合时，只要对合前中心处的条纹

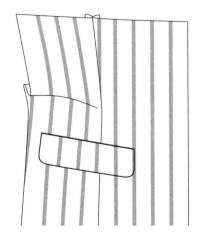

**1** 做袋盖

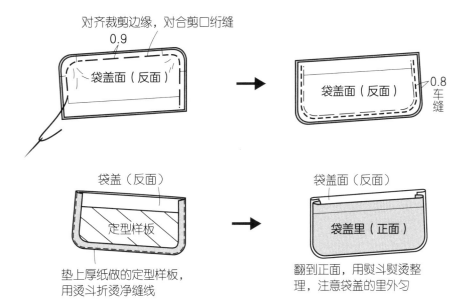

对齐裁剪边缘，对合剪口绗缝
0.9
袋盖面（反面）

袋盖面（反面）
0.8 车缝

袋盖（反面）
定型样板
垫上厚纸做的定型样板，用烫斗折烫净缝线

袋盖面（反面）
袋盖里（正面）
翻到正面，用熨斗熨烫整理，注意袋盖的里外匀

**2** 缝合嵌线布和袋布 A

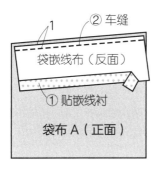

1
② 车缝
袋嵌线布（反面）
① 贴嵌线衬
袋布 A（正面）

**3** 在袋布 B 上装袋垫布

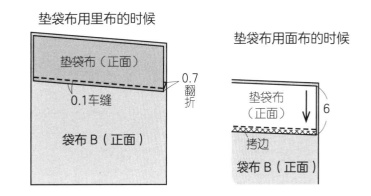

垫袋布用里布的时候

垫袋布（正面）
0.7 翻折
0.1 车缝
袋布 B（正面）

垫袋布用面布的时候

垫袋布（正面）
6
拷边
袋布 B（正面）

**4** 装袋盖

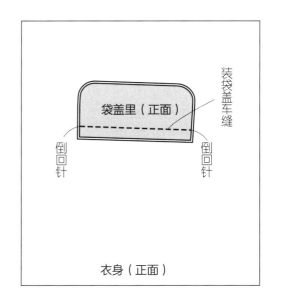

装袋盖车缝
袋盖里（正面）
倒回针
倒回针
衣身（正面）

**5** 翻起袋盖缝份，将嵌线条塞入，绗缝固定

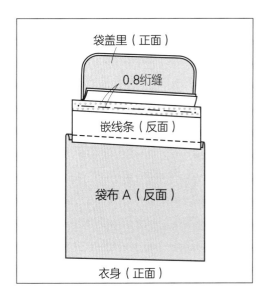

袋盖里（正面）
0.8 绗缝
嵌线条（反面）
袋布 A（反面）
衣身（正面）

## 6 车缝嵌线布

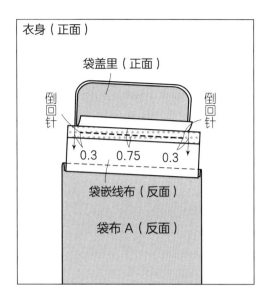

衣身（正面）
袋盖里（正面）
倒回针
倒回针
0.3　0.75　0.3
袋嵌线布（反面）
袋布 A（反面）

## 7 剪衣身袋口

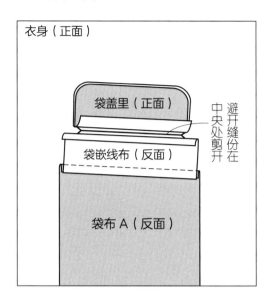

衣身（正面）
袋盖里（正面）
袋嵌线布（反面）
避开缝份在中央处剪开
袋布 A（反面）

## 8 在反面拉出嵌线条，分开缝份

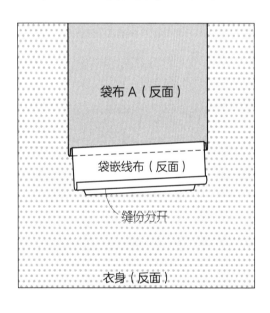

袋布 A（反面）
袋嵌线布（反面）
缝份分开
衣身（反面）

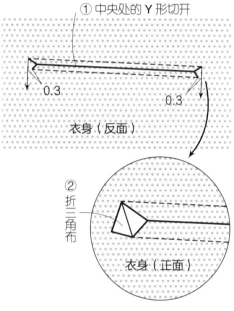

① 中央处的 Y 形切开
0.3　0.3
衣身（反面）
② 折三角布
衣身（正面）

## 9 在嵌线布处做单嵌线

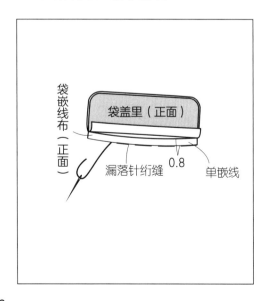

袋嵌线布（正面）
袋盖里（正面）
漏落针绗缝　0.8　单嵌线

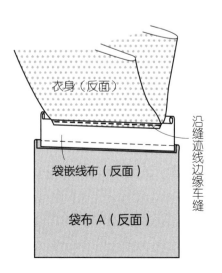

衣身（反面）
沿缝迹线边缘车缝
袋嵌线布（反面）
袋布 A（反面）

## 10 将袋布 B 覆盖上去，车缝固定

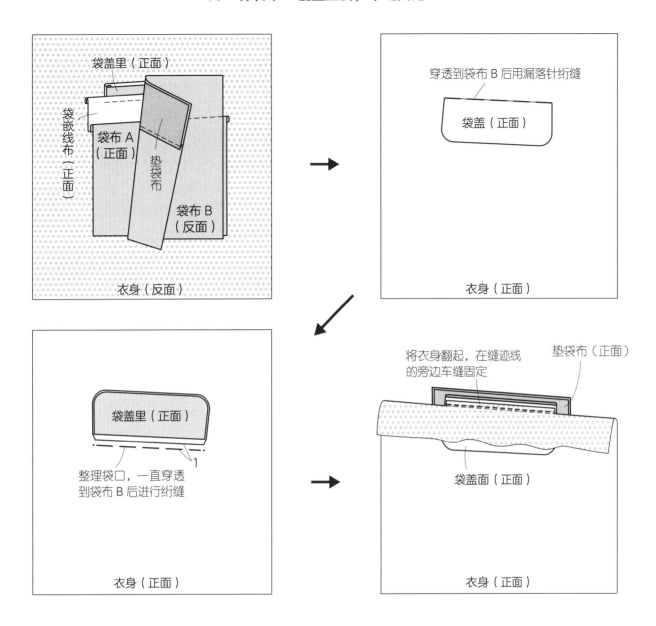

穿透到袋布 B 后用漏落针绗缝

袋盖里（正面）

袋嵌线布（正面）

袋布 A（正面）

垫袋布

袋布 B（反面）

衣身（反面）

袋盖（正面）

衣身（正面）

袋盖里（正面）

整理袋口，一直穿透到袋布 B 后进行绗缝

1

衣身（正面）

将衣身翻起，在缝迹线的旁边车缝固定

垫袋布（正面）

袋盖面（正面）

衣身（正面）

## 11 固定三角布，车缝袋布周围两道

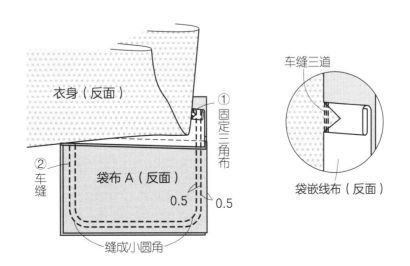

衣身（反面）

① 固定三角布

② 车缝

袋布 A（反面）

0.5

0.5

缝成小圆角

车缝三道

袋嵌线布（反面）

## （2）带袋盖挖袋（B）

将嵌线条与袋布连在一起，采用一片面料连裁的制作方法。比较适合薄型面料的无夹里服装。

力布——用于袋口处的补强布。在衣身上黏衬的情况下可以不用力布。

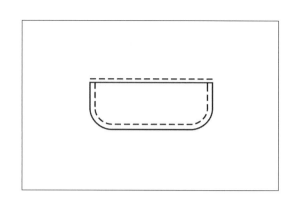

### 裁剪方法

袋口尺寸

定型样板

袋盖面（面布）

0.7

0.7

※根据面料选择合适的黏衬贴合

袋盖里（面布）

0.7

0.5

袋布（面布）

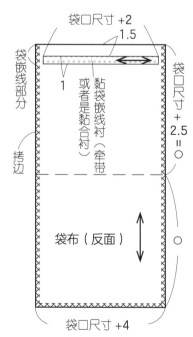

袋口尺寸 +2

1.5

1

袋嵌线部分

拷边

黏袋嵌线衬或者是黏合衬（牵带）

袋口尺寸 + 2.5 ＝○

袋布（反面）

○

袋口尺寸 +4

### 1　做袋盖

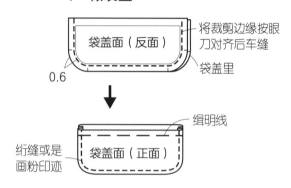

袋盖面（反面）

将裁剪边缘按眼刀对齐后车缝

0.6

袋盖里

缉明线

绗缝或是画粉印迹

袋盖面（正面）

### 2　衣身反面装袋盖位置处贴力布

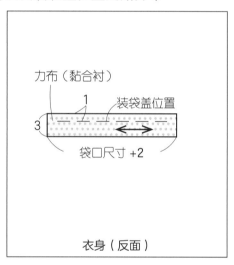

力布（黏合衬）

1

装袋盖位置

3

袋口尺寸 +2

衣身（反面）

### 3　将衣身和袋布对齐，车缝固定嵌线条

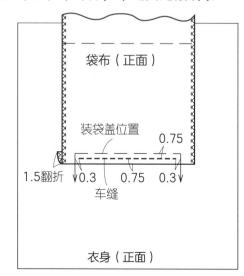

袋布（正面）

装袋盖位置

0.75

1.5翻折　0.3　0.75　0.3

车缝

衣身（正面）

**4** 在衣身上装袋盖

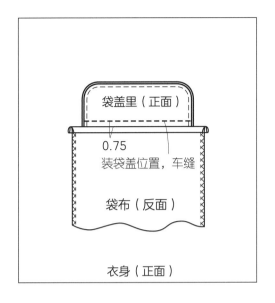

袋盖里（正面）

0.75

装袋盖位置，车缝

袋布（反面）

衣身（正面）

**5** 翻起袋盖和嵌线条的缝份，剪袋口

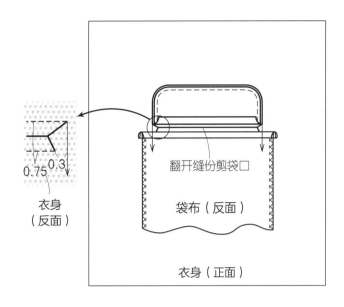

0.75  0.3

衣身
（反面）

翻开缝份剪袋口

袋布（反面）

衣身（正面）

**6** 将袋布对折，车缝固定

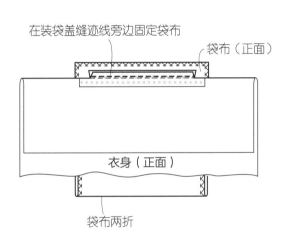

在装袋盖缝迹线旁边固定袋布

袋布（正面）

衣身（正面）

袋布两折

**7** 车缝袋布两边两道

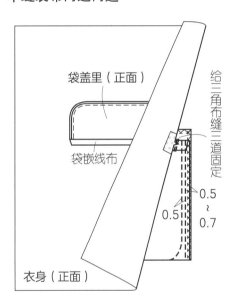

袋盖里（正面）

给三角布缝三道固定

袋嵌线布

0.5

0.5 ~ 0.7

衣身（正面）

**8** 在装袋盖位置边缘缉明线

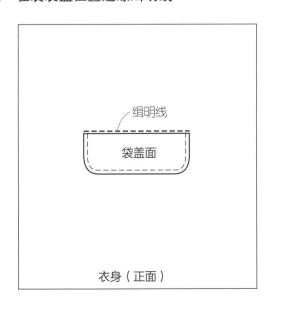

缉明线

袋盖面

衣身（正面）

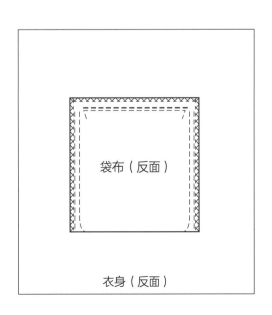

袋布（反面）

衣身（反面）

## （3）带袋盖挖袋（C）

用一片袋布，在衣身处缉明线的装饰口袋。这种方法经常用于无夹里西装和衬衫的胸袋等处。

### 裁剪方法

袋盖面（面布）

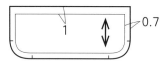

袋盖里（面布）

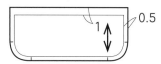

袋嵌线布（面布）

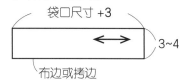

袋布（面布）

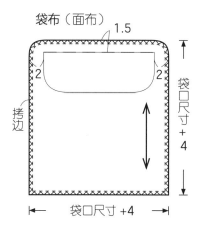

### 1 在衣身反面装袋盖处贴力布

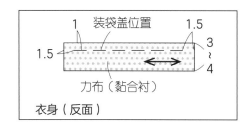

### 2 在衣身处装嵌线条

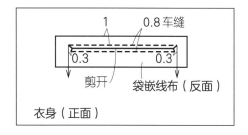

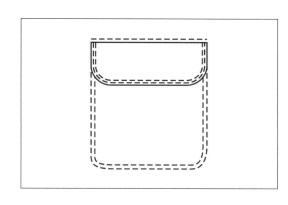

### 3 在反面拉出嵌线条，在正面缉明线

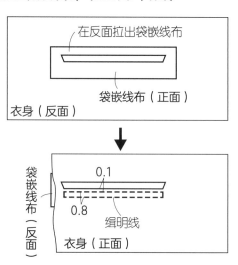

### 4 装袋盖和袋布

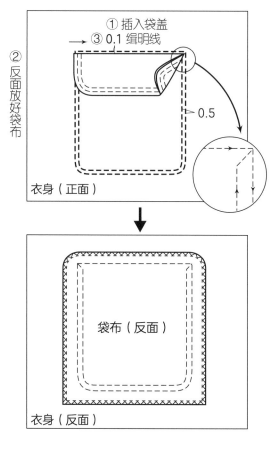

## （4）带袋盖挖袋（D）

先做出比较细窄的双嵌线，然后在嵌线条间插入袋盖的牢固的制作方法。其比较适合薄型、中厚型的面料。

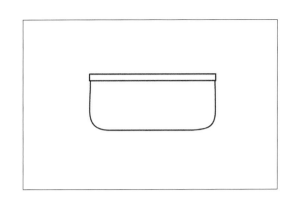

### 裁剪方法

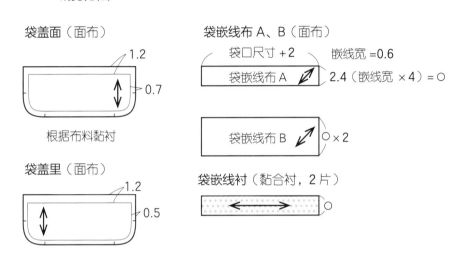

袋盖面（面布）

1.2

0.7

根据布料黏衬

袋盖里（面布）

1.2

0.5

袋嵌线布 A、B（面布）

袋口尺寸 +2

嵌线宽 =0.6

袋嵌线布 A

2.4（嵌线宽 ×4）=○

袋嵌线布 B　　○×2

袋嵌线衬（黏合衬，2 片）

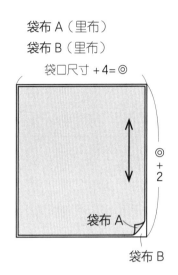

袋布 A（里布）

袋布 B（里布）

袋口尺寸 +4=◎

◎ +2

袋布 A

袋布 B

---

**1　在嵌线条上贴黏合衬**

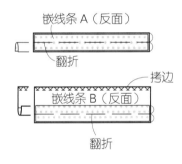

嵌线条 A（反面）

翻折

拷边

嵌线条 B（反面）

翻折

**2　做袋盖**

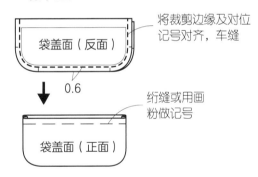

将裁剪边缘及对位记号对齐，车缝

袋盖面（反面）

0.6

绗缝或用画粉做记号

袋盖面（正面）

---

**3　在衣身反面将袋布 A 固定**

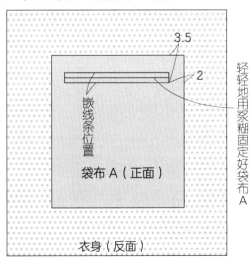

3.5

2

嵌线条位置

袋布 A（正面）

轻轻地用浆糊固定好袋布 A

衣身（反面）

**4　在衣身上装嵌线条**

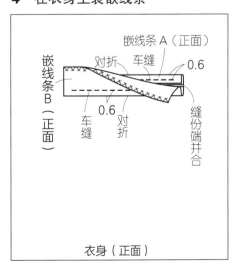

嵌线条 A（正面）

对折

车缝

0.6

嵌线条 B（正面）

车缝

0.6

对折

缝份端并合

衣身（正面）

**5** 翻开缝份后剪袋口

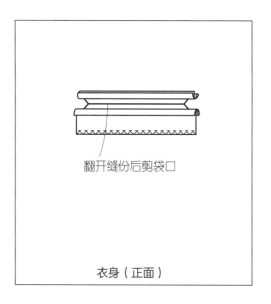

翻开缝份后剪袋口

衣身（正面）

**6** 将嵌线条翻到反面，嵌线条B固定在袋布上

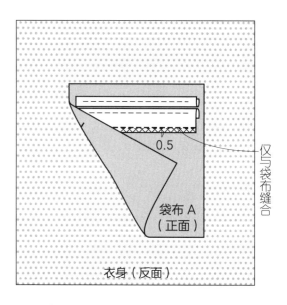

0.5

仅与袋布缝合

袋布A
（正面）

衣身（反面）

**7** 在衣身正面拉出袋布A，与袋布B正面朝上合并，车缝

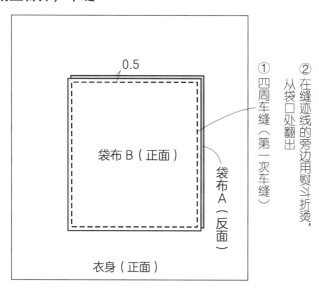

0.5

袋布B（正面）

袋布A（反面）

① 四周车缝（第一次车缝）

② 在缝迹线的旁边用熨斗折烫，从袋口处翻出

衣身（正面）

**8** 将袋盖插入袋口，用漏落针绗缝

插入袋盖后用漏落针绗缝

衣身（正面）

**9** 在落针旁车缝固定袋盖

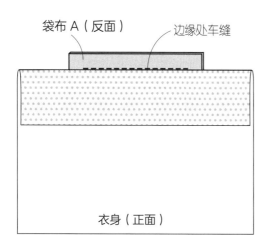

袋布A（反面）

边缘处车缝

衣身（正面）

**10** 车缝袋布四周

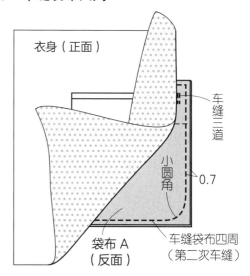

衣身（正面）

车缝三道

0.7

小圆角

袋布A
（反面）

车缝袋布四周
（第二次车缝）

## 1.7.8 箱形口袋

（第 34 页中款式）

用在西装、大衣、背心的胸部以及腰部的箱形口袋，可根据使用的不同面料（如厚型、薄型以及松结构面料等），来选择适合的方法。

## （1）箱形口袋（A）

是适合于厚型、织造紧密的面料，且口袋安装位置缝份不重合的制作方法。

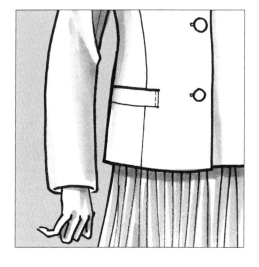

**对格子**

使用条格面料时，一般情况下嵌线条和衣身条格对齐。当嵌线条倾斜时，则样板缝份要放好后再裁剪比较好。

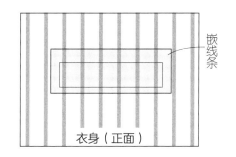

衣身（正面）

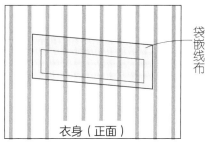

衣身（正面）

**裁剪方法**

袋口尺寸

定型样板 ↓ ◎

嵌线条（面布）

袋口尺寸 +2

◎ -0.7

0.7

嵌线衬（黏合衬）

（与嵌线条一样大）

垫袋布（面布）

袋口尺寸 +4

0.7×3=△    6

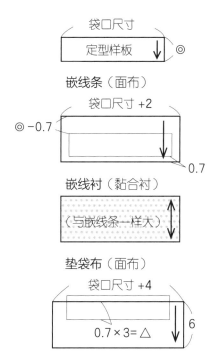

袋布 A、B（里布或专用口袋布，各一片）

袋口尺寸 +4

1.5    △

袋布 B    袋布 A

深度根据装袋的位置确定

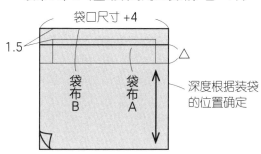

〈倾斜的时候〉

定型样板 ◎

嵌线条

◎ -0.7

1

0.7

● 嵌线衬与嵌线条尺寸相同

垫袋布

袋口尺寸 +4

0.7×3=△    6

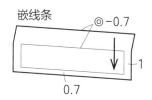

袋布 A、B（里布或专用口袋布，各一片）

袋口尺寸 +4

1.5    △

袋布 A

袋布 B

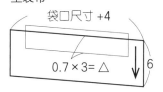

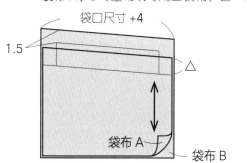

**1** 将嵌线条贴衬，按净缝折烫成型

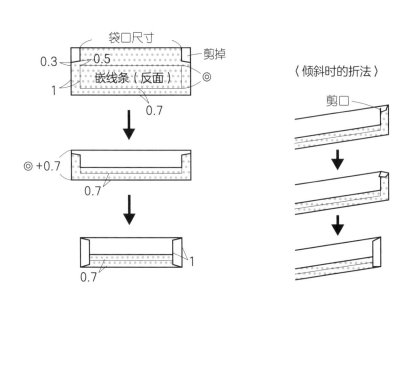

〈倾斜时的折法〉

剪口

**2** 将嵌线条和袋布A缝合，袋垫布拷边

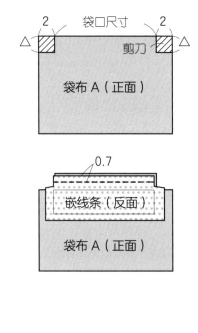

**3** 在衣身上装嵌线条和袋垫布

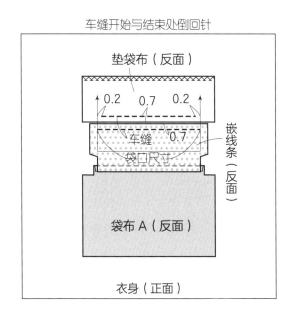

**4** 翻开缝份后在衣身上剪袋口

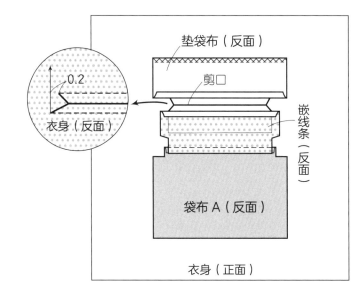

**5** 在反面拉出嵌线条，整理

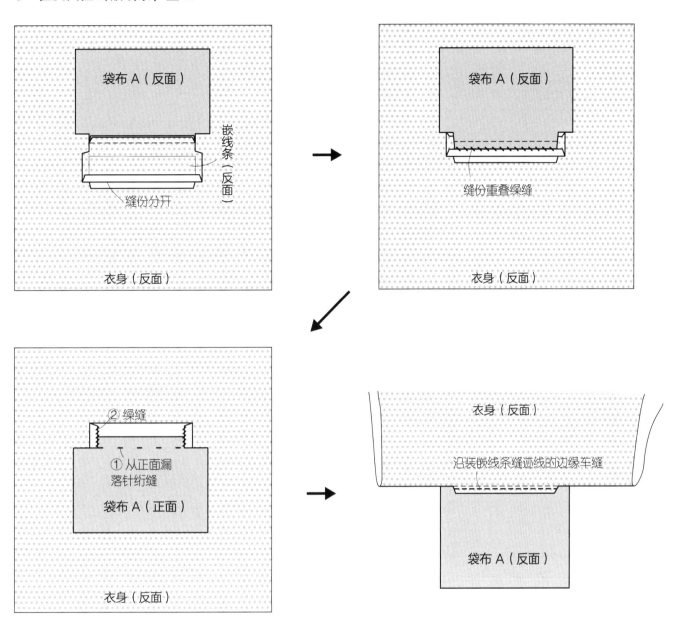

**6** 在反面拉出袋垫布，分烫缝份

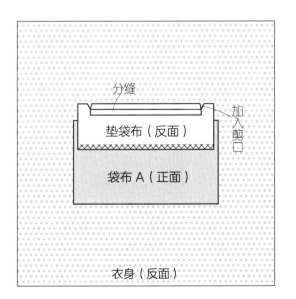

**7** 放上袋布 B，从正面漏落针缝固定

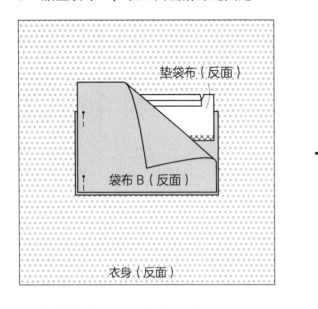

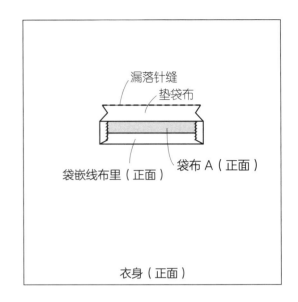

**8** 把袋垫布固定在袋布 B 上

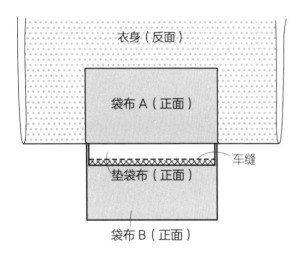

**9** 固定嵌线条的两端

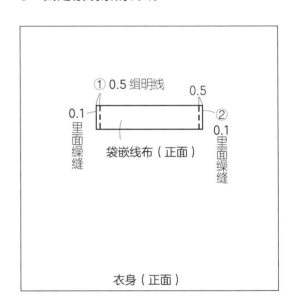

**10** 袋布周围车缝两道

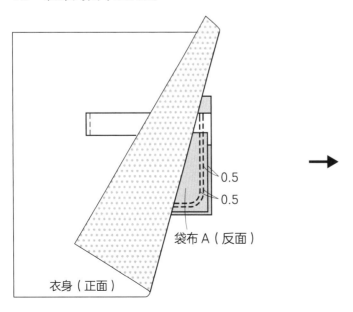

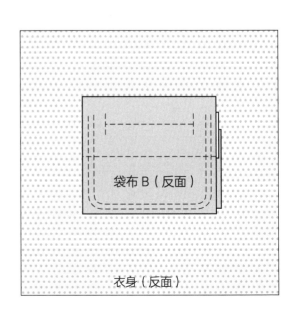

## （2）箱形口袋（B）

适合中厚、薄型面料，箱形部分用来回车缝成型后再制作的方法。

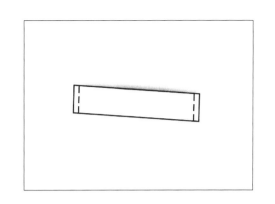

### 裁剪方法

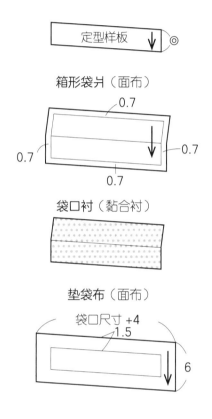

定型样板

箱形袋爿（面布）
0.7
0.7    0.7
0.7

袋口衬（黏合衬）

垫袋布（面布）
袋口尺寸 +4
1.5
6

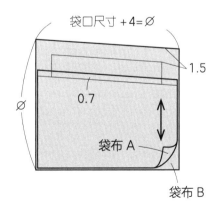

袋布 A、B（里布或专用袋布，各 1 片）

袋口尺寸 +4=∅
1.5
∅
0.7
袋布 A
袋布 B

∅= 深度需根据安装位置来决定

### 1　在箱形袋爿上黏衬，来回缝

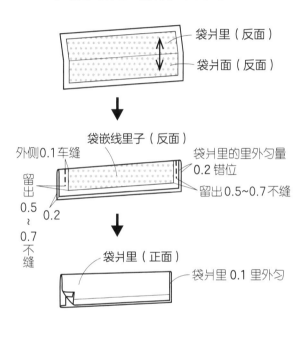

袋爿里（反面）
袋爿面（反面）

袋嵌线里子（反面）
外侧0.1车缝
留出 0.5 ~ 0.7 不缝
袋爿里的里外匀量 0.2 错位
留出 0.5~0.7 不缝

袋爿里（正面）
袋爿里 0.1 里外匀

### 2　袋爿和袋布 A 缝合

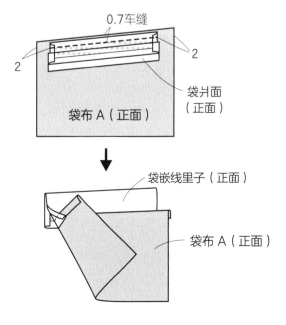

0.7车缝
2    2
袋布 A（正面）
袋爿面（正面）

袋嵌线里子（正面）
袋布 A（正面）

### 3 袋垫布拷边

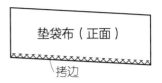

垫袋布（正面）

拷边

### 4 在衣身上装袋爿

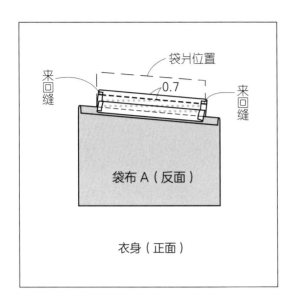

袋爿位置

来回缝

0.7

来回缝

袋布 A（反面）

衣身（正面）

### 5 装袋垫布、从反面车缝、剪袋口

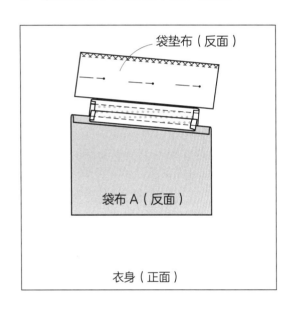

袋垫布（反面）

袋布 A（反面）

衣身（正面）

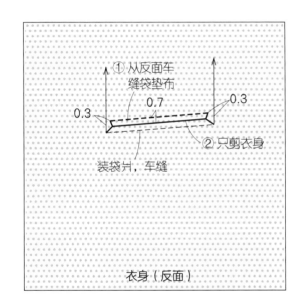

①从反面车缝袋垫布

0.7

0.3

0.3

②只剪衣身

装袋爿，车缝

衣身（反面）

### 6 拉出袋垫布反面，分缝缝份

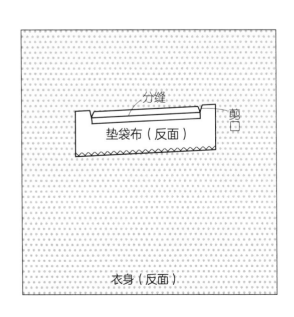

分缝

剪口

垫袋布（反面）

衣身（反面）

### 7 把袋布 A 拉到反面，缝份分开

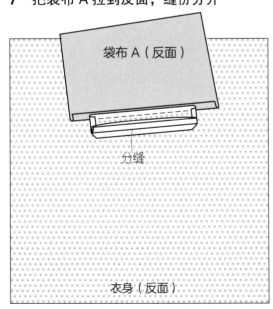

袋布 A（反面）

分缝

衣身（反面）

**8** 整理袋爿的形状，缲缝未缝住部分

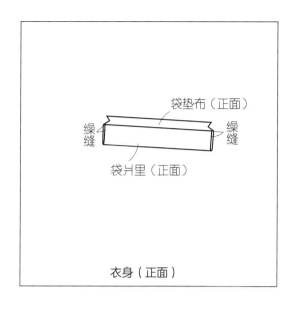

繰缝

袋垫布（正面）

繰缝

袋爿里（正面）

衣身（正面）

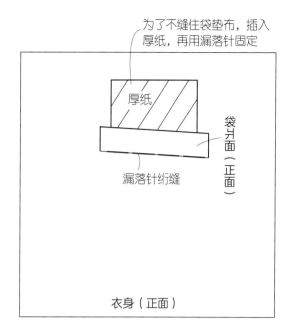

为了不缝住袋垫布，插入厚纸，再用漏落针固定

厚纸

袋爿面（正面）

漏落针绗缝

衣身（正面）

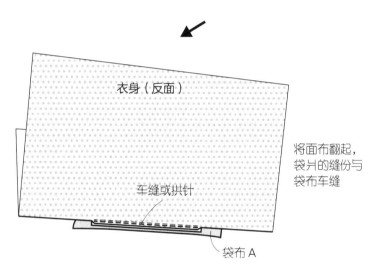

衣身（反面）

车缝或拱针

将面布翻起，袋爿的缝份与袋布车缝

袋布 A

**9** 放上袋布 B，在正面车缝

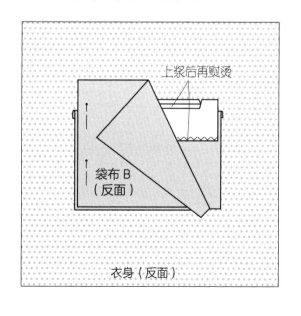

上浆后再熨烫

袋布 B（反面）

衣身（反面）

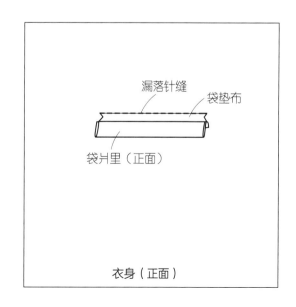

漏落针缝

袋垫布

袋爿里（正面）

衣身（正面）

**10** 袋垫布固定在袋布 B 上

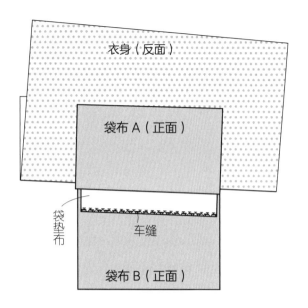

衣身（反面）

袋布 A（正面）

袋垫布

车缝

袋布 B（正面）

**11** 嵌线条两端固定

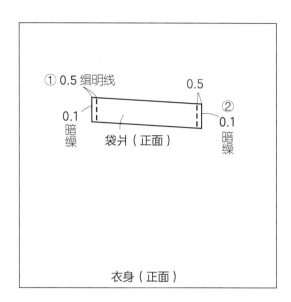

① 0.5 缉明线  0.5

0.1 暗缲  0.1 暗缲

袋爿（正面）

衣身（正面）

**12** 袋布周围车缝两道

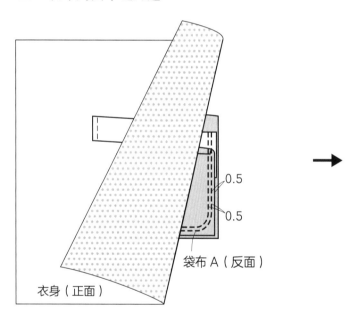

0.5

0.5

袋布 A（反面）

衣身（正面）

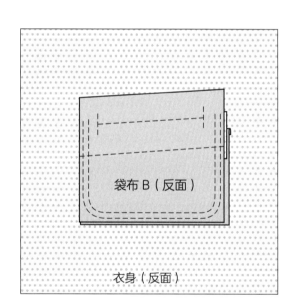

袋布 B（反面）

衣身（反面）

## （3）箱形口袋（C）

无里布西装类，既要里面美观又要结实，所以袋布周围要用来去缝的制作方法。

在外侧看得见的袋布要用面布裁剪，袋爿的缝份要倒缝。比较适合于棉、麻等薄型面料。

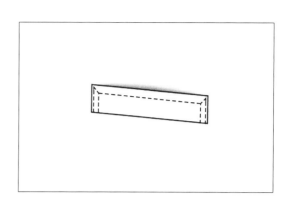

### 裁剪方法

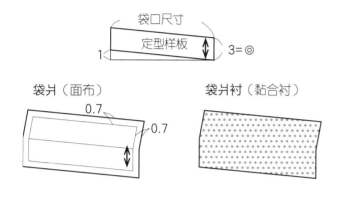

袋布A（专用袋布或里布，1片）
袋布B（面布，1片）

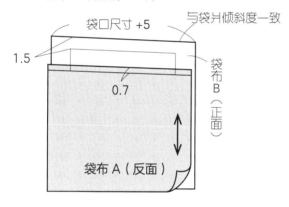

**3** 将袋爿和袋布A装在衣身上

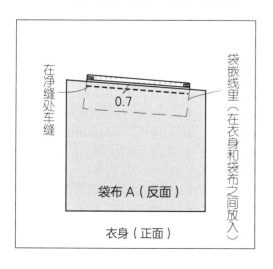

**1** 在衣身反面的袋口位置处贴黏合衬加固

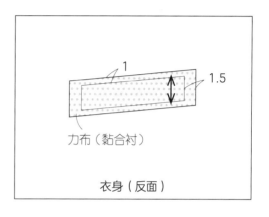

**2** 将袋爿贴黏合衬，做袋爿

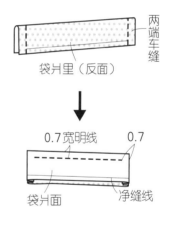

**4** 将袋爿和袋布的缝份翻开，剪袋口

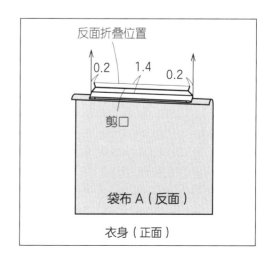

**5** 将袋布翻到反面，加入剪口的上端缝份向反面折

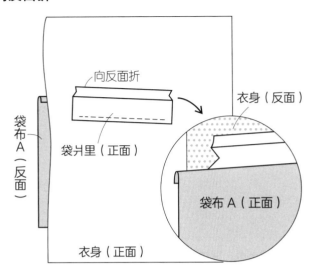

向反面折
袋爿里（正面）
袋布A（反面）
衣身（反面）
袋布A（正面）
衣身（正面）

**6** 将在袋布 A、B 反面相对合，车缝袋布周围

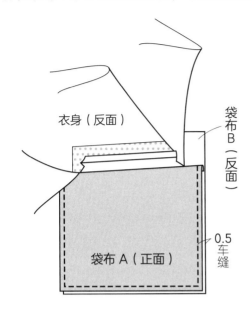

衣身（反面）
袋布B（反面）
袋布A（正面）
0.5车缝

**7** 将袋布翻正，在袋口处缉明线，缉住袋布B 为止

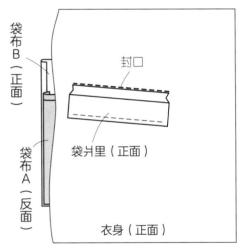

袋布B（正面）
封口
袋爿里（正面）
袋布A（反面）
衣身（正面）

**8** 将袋布 B 的上端折叠，车缝袋布周围

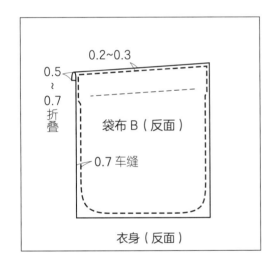

0.2~0.3
0.5~0.7折叠
袋布B（反面）
0.7车缝
衣身（反面）

**9** 将袋爿的两端缉明线固定

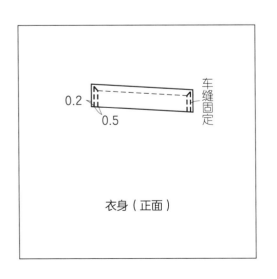

0.2
0.5
车缝固定
衣身（正面）

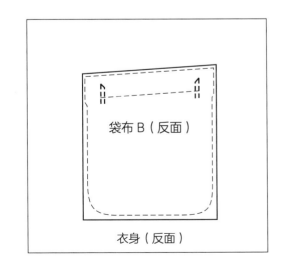

袋布B（反面）
衣身（反面）

## 1.7.9 双嵌线挖袋

（第 31 页中）

袋口处的缝份被细细地卷在嵌线条内的双嵌线挖袋。常用在西装、大衣上，是应用范围较广的挖袋。

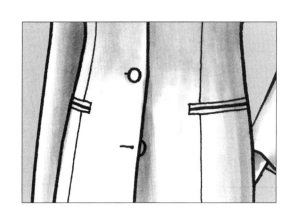

### （1）全夹里情况下

裁剪方法

嵌线条（面布，2 片）

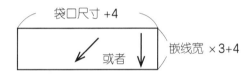

袋垫布（面布）

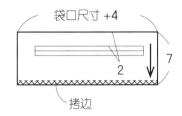

嵌线条衬（黏合衬，2 片）

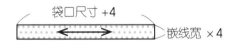

袋布 A、B（面布或专用袋布）

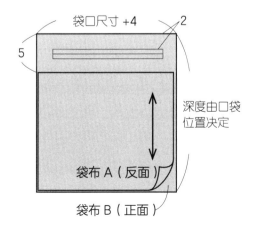

**1** 在嵌线条上贴黏合衬，并与袋布 A 缝合

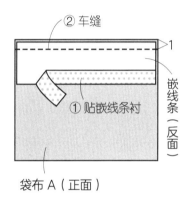

**2** 在衣身的口袋位置装嵌线条

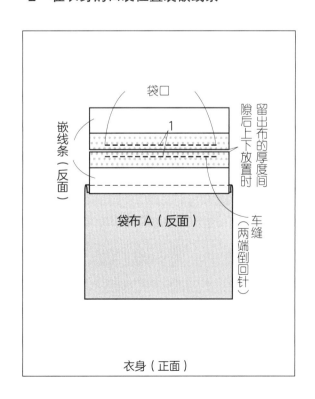

**3**  翻开嵌线条的缝份，在衣身处剪袋口

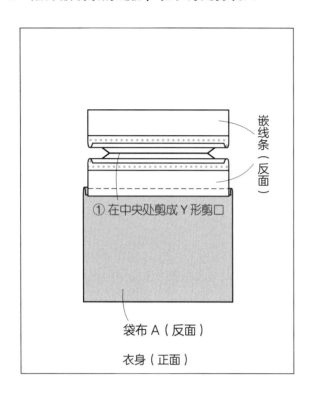

① 在中央处剪成 Y 形剪口

嵌线条（反面）

袋布 A（反面）

衣身（正面）

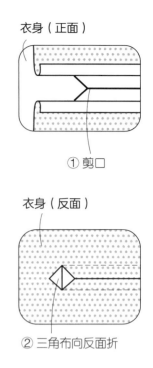

衣身（正面）

① 剪口

衣身（反面）

② 三角布向反面折

**4**  将嵌线条翻到衣身反面，做嵌线

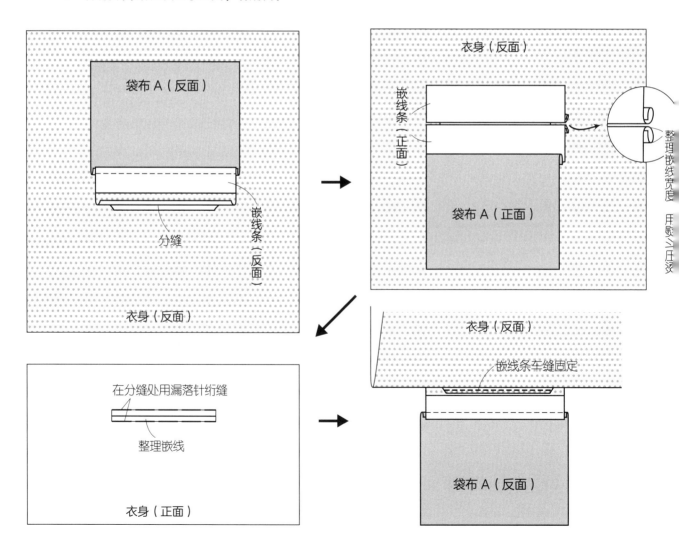

袋布 A（反面）

分缝

嵌线条（反面）

衣身（反面）

衣身（反面）

嵌线条（正面）

袋布 A（正面）

整理嵌线宽度，用熨斗压烫

衣身（反面）

嵌线条车缝固定

袋布 A（反面）

在分缝处用漏落针绗缝

整理嵌线

衣身（正面）

**5** 将袋垫布装在袋布 B 上

袋垫布（正面）

车缝

袋布 B（正面）

**6** 将袋布 A、B 正面相对，车缝固定

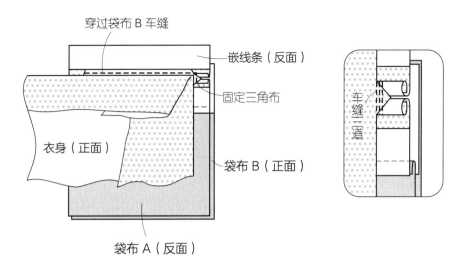

穿过袋布 B 车缝

嵌线条（反面）

固定三角布

衣身（正面）

袋布 B（正面）

车缝二道

袋布 A（反面）

**7** 在袋布周围车缝两道

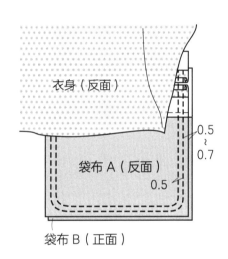

衣身（反面）

0.5
~
0.7

袋布 A（反面）

0.5

袋布 B（正面）

### 带袋盖的双嵌线挖袋

制作步骤 4 中，在嵌线条用漏落针绗缝时插入袋盖。袋盖的裁剪方法、制作方法参照第 126、127 页。

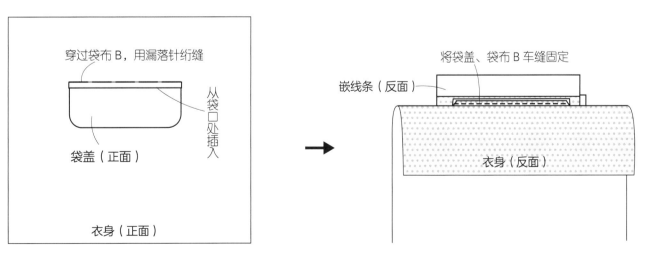

穿过袋布 B，用漏落针绗缝

从袋口处插入

袋盖（正面）

衣身（正面）

将袋盖、袋布 B 车缝固定

嵌线条（反面）

衣身（反面）

## （2）无夹里情况下

袋布采用面布以一片连续裁剪方式的制作方法。用在无夹里西装及衬衫上。它比较适合用棉、麻等薄型的面料。

### 裁剪方法

嵌线宽 0.5

袋口尺寸

嵌线条（面布，2片）

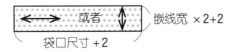

嵌线宽 ×4

袋口尺寸 +2

嵌线条衬（黏合衬，2片）

与嵌线条同样大小

力布（黏合衬）

或者

嵌线宽 ×2+2

袋口尺寸 +2

袋布（面布）

袋口尺寸 +4=◎

从反面拷边

（◎+2~3）×2+2

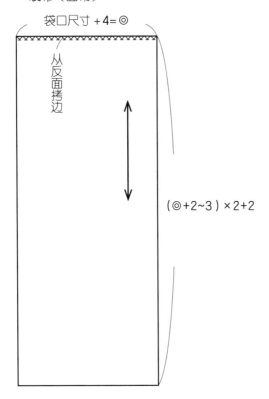

**1　在衣身反面的袋口位置贴黏合衬**

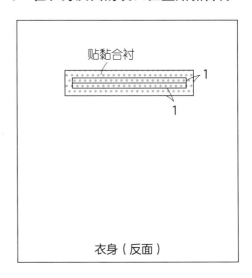

贴黏合衬

1

1

衣身（反面）

**2　将嵌线条贴黏衬并对折**

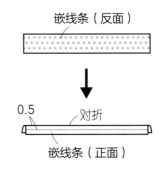

嵌线条（反面）

0.5　对折

嵌线条（正面）

**3　将嵌线条绗缝在衣身上**

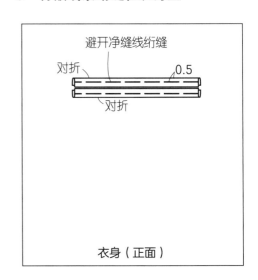

避开净缝线绗缝

对折　0.5

对折

衣身（正面）

**4** 放上袋布，车缝上下嵌线条

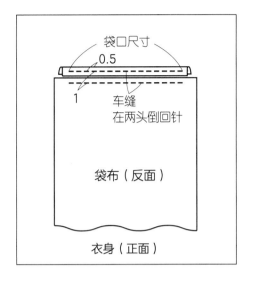

袋口尺寸
0.5
1
车缝
在两头倒回针
袋布（反面）
衣身（正面）

**5** 翻开嵌线条的缝份，在衣身上剪袋口

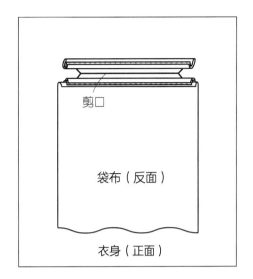

剪口
袋布（反面）
衣身（正面）

**6** 在衣身反面拉出嵌线条，做双嵌线

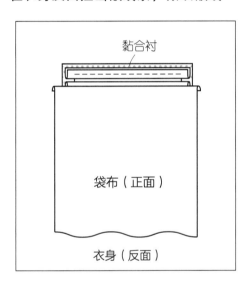

黏合衬
袋布（正面）
衣身（反面）

整理嵌线
将两端的三角布翻折到里面
衣身（正面）

**7** 将袋布正正相叠对折，车缝固定

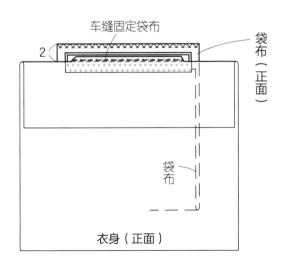

车缝固定袋布
2
袋布（正面）
袋布
衣身（正面）

**8** 将袋布的两端车缝两次

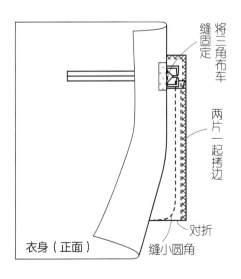

缝固定
将三角布车
两片一起拷边
对折
缝小圆角
衣身（正面）

## 1.7.10 单嵌线挖袋

嵌线条和袋布连续裁剪的简单方法。它用在无夹里春秋上装和衬衫上。若为松结构面料和薄型面料，则袋布周围用来去缝。棉、麻等薄型面料比较适合。

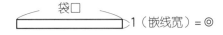

### （1）常规单嵌线挖袋

裁剪方法

袋口

1（嵌线宽）=◎

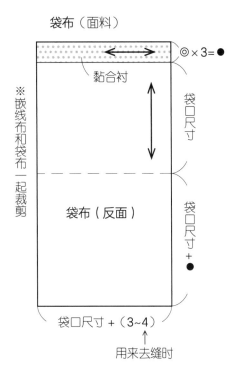

袋布（面料）

◎×3=●

黏合衬

※嵌线布和袋布一起裁剪

袋口尺寸

袋布（反面）

袋口尺寸

袋口尺寸 +●

袋口尺寸 +（3~4）

用来去缝时

**1 将袋布拷边，衣身反面的口袋位置处贴黏合衬**

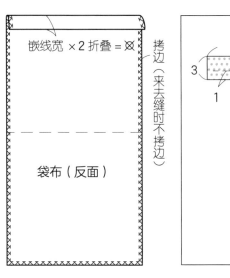

嵌线宽 ×2 折叠 =⊠

拷边（来去缝时不拷边）

袋布（反面）

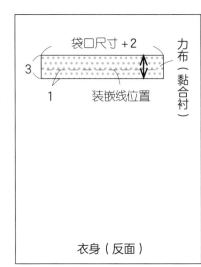

袋口尺寸 +2

力布（黏合衬）

3

1

装嵌线位置

衣身（反面）

**2 在衣身上装袋布（嵌线条）**

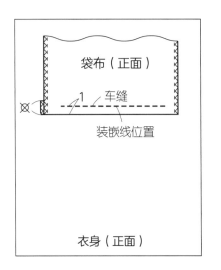

袋布（正面）

1 车缝

装嵌线位置

衣身（正面）

**3 在衣身袋口处剪开，折叠缝份**

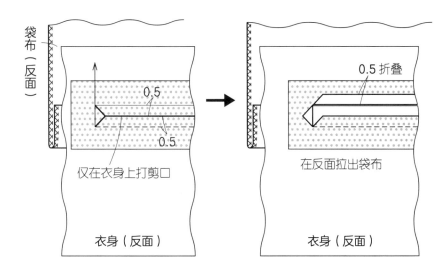

袋布（反面）

0.5

0.5

仅在衣身上打剪口

0.5 折叠

在反面拉出袋布

衣身（反面）

衣身（反面）

**4 整理嵌线，对折袋布**

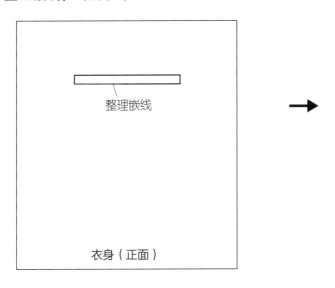

整理嵌线

衣身（正面）

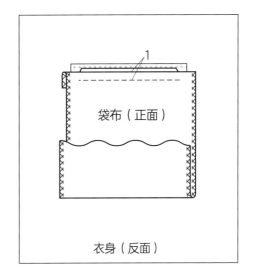

1

袋布（正面）

衣身（反面）

**5 在正面袋口缉明线，固定袋布**

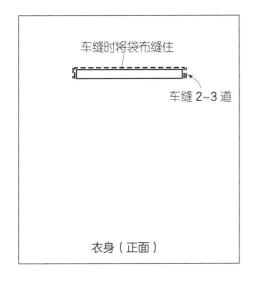

车缝时将袋布缝住

车缝 2~3 道

衣身（正面）

**6 车缝袋布两端**

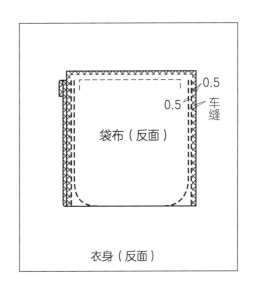

0.5

0.5

车缝

袋布（反面）

衣身（反面）

来去缝袋布时

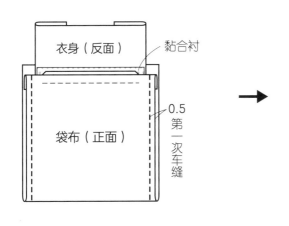

衣身（反面）

黏合衬

0.5
第一次车缝

袋布（正面）

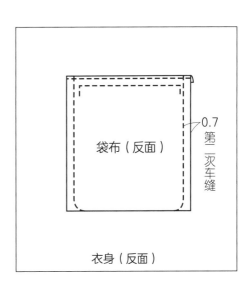

0.7
第二次车缝

袋布（反面）

衣身（反面）

## （2）缉明线单嵌线挖袋

袋口为单嵌线且将袋布放在反面缉明线固定的方法。它用在无里布西装和衬衫的胸袋上。

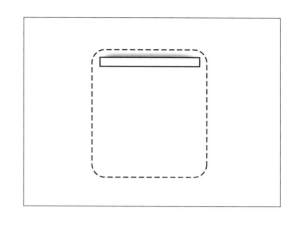

### 裁剪方法

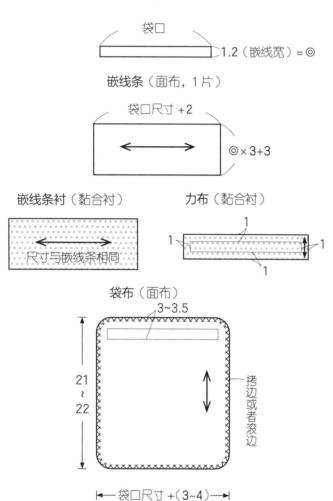

袋口
1.2（嵌线宽）＝◎

嵌线条（面布，1片）

袋口尺寸 +2
◎×3+3

嵌线条衬（黏合衬）
尺寸与嵌线条相同

力布（黏合衬）
1
1
1
1

袋布（面布）
3~3.5
21~22
拷边或者滚边
袋口尺寸 +（3~4）

**1　将衣身反面袋口贴黏合衬，嵌线条粘衬并缝在衣身上**

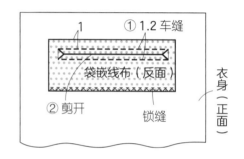

① 1.2 车缝
1
袋嵌线布（反面）
② 剪开
锁缝
衣身（正面）

**2　做嵌线并整理**

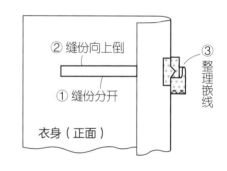

② 缝份向上倒
③ 整理嵌线
① 缝份分开
衣身（正面）

**3　嵌线条固定缝**

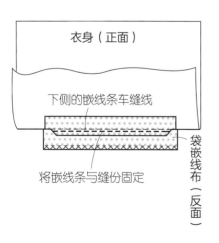

衣身（正面）
下侧的嵌线条车缝线
将嵌线条与缝份固定
袋嵌线布（反面）

**4　放上袋布，车缝固定**

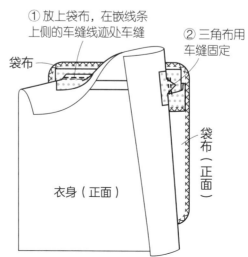

① 放上袋布，在嵌线条上侧的车缝线迹处车缝
② 三角布用车缝固定
袋布
衣身（正面）
袋布（正面）

**5　在袋布周围绗缝，在正面缉明线**

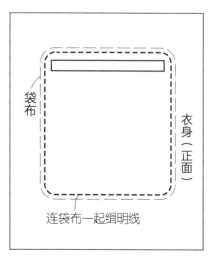

袋布
衣身（正面）
连袋布一起缉明线

## 1.7.11 中心衩

西装和大衣下摆处加入的衩，除了表现款式效果外，也加入了运动量。后中心处加入的是中心衩，两侧加入的是侧衩。

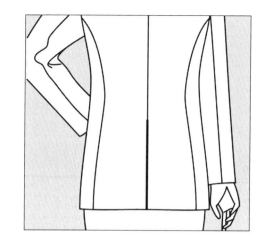

### （1）全夹里情况下

与裙子的下摆衩相同，开口部分需要叠门和贴边。

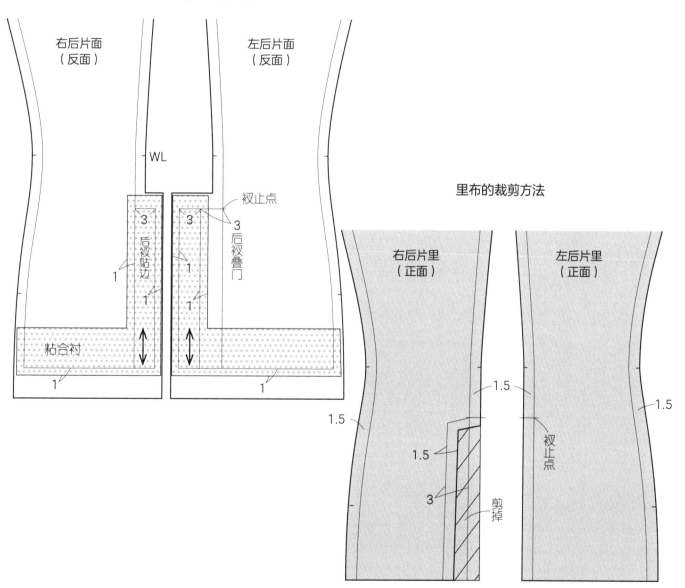

面布的裁剪方法和黏衬方法

右后片面（反面）　　左后片面（反面）

WL

衩止点

3　后衩贴边
3　后衩叠门
1
1
粘合衬
1　　1

里布的裁剪方法

右后片里（正面）　　左后片里（正面）

1.5
1.5
1.5
1.5
衩止点
3
剪掉

**1** 车缝后中心缝，左右衣身的缝止点处打剪口

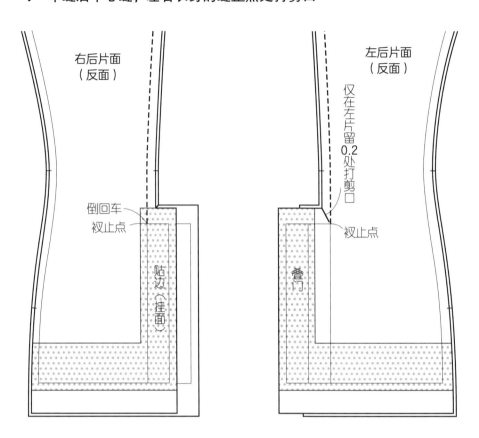

右后片面
（反面）

左后片面
（反面）

仅在左片留0.2处打剪口

倒回车
衩止点

衩止点

贴边（挂面）

叠门

**2** 车缝叠门和贴边的下摆

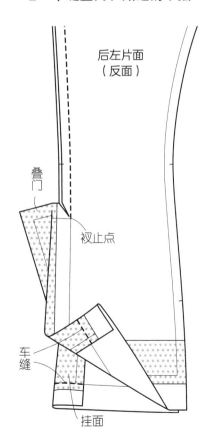

后左片面
（反面）

叠门

衩止点

车缝

挂面

**3** 折烫下摆，整理后衩

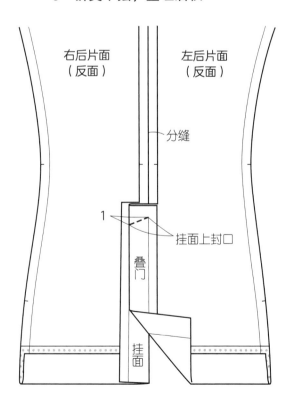

右后片面
（反面）

左后片面
（反面）

分缝

1

挂面上封口

叠门

挂面

## *4* 车缝里布

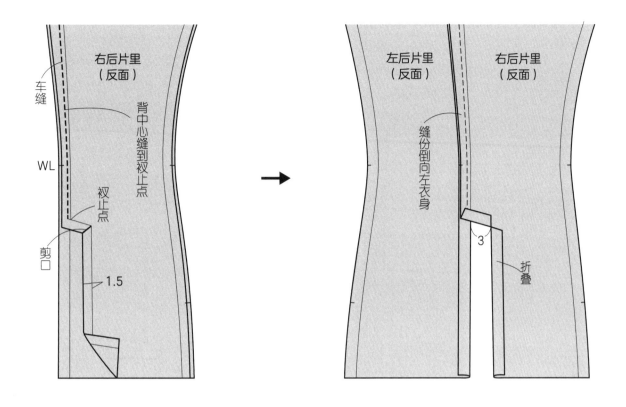

车缝
右后片里（反面）
背中心缝到衩止点
WL
衩止点
剪口
1.5

左后片里（反面）
右后片里（反面）
缝份倒向左衣身
3
折叠

## *5* 缲缝里布

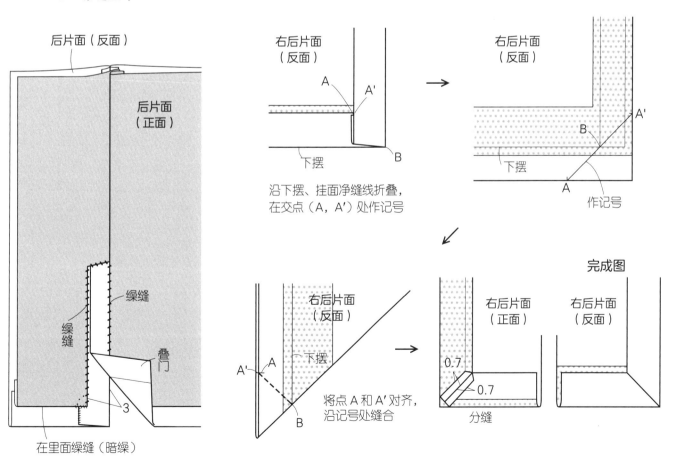

后片面（反面）
后片面（正面）
缲缝
缲缝
叠门
3
在里面缲缝（暗缲）

右后片面（反面）
A
A'
下摆
B
沿下摆、挂面净缝线折叠，在交点（A，A'）处作记号

右后片面（反面）
A'
B
下摆
A
作记号

右后片面（反面）
A'
A
下摆
B
将点 A 和 A' 对齐，沿记号处缝合

完成图
右后片面（正面）
右后片面（反面）
0.7
0.7
分缝

## （2）无夹里情况下

无夹里时的裁剪与全夹里时的一样，但因无里布，所以应根据面布选择合适的缝份处理方法。有滚边、折缝、拷边等方法。

**1** 粘衬，车缝固定，缝份处理

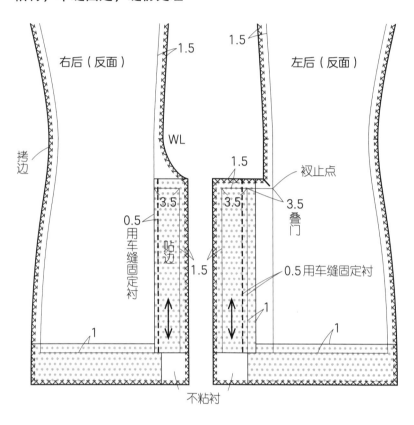

**2** 车缝后中心缝，在左后的衩止点处剪口

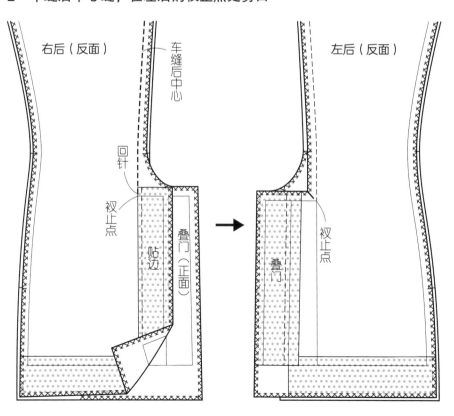

**3** 将叠门、贴边的下摆缝好，整理好下摆

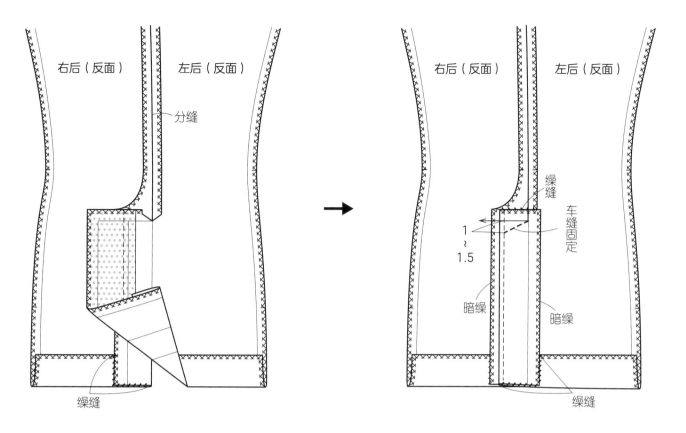

## （3）背部半夹里情况下

半夹里时的中心衩里襟的反面的做法与有里布的做法相同，即衩的贴边使用里布，从而使衩处较薄。

裁剪方法、黏衬方法、缝份处理

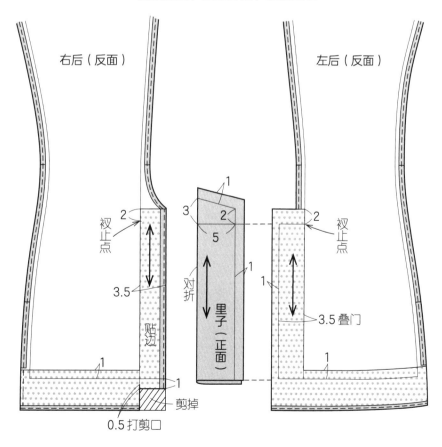

**1  将里布与叠门缝合**

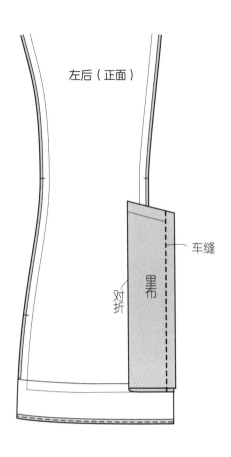

左后（正面）

车缝

对折

里布

**2  在后中心从衩止点缝到叠门**

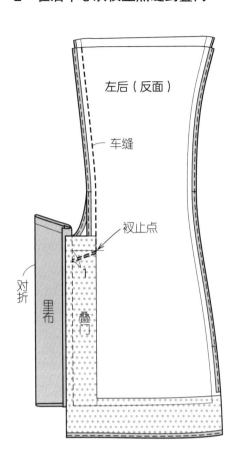

左后（反面）

车缝

衩止点

对折

里布

叠门

**3  打剪口，分缝，折叠里布上端**

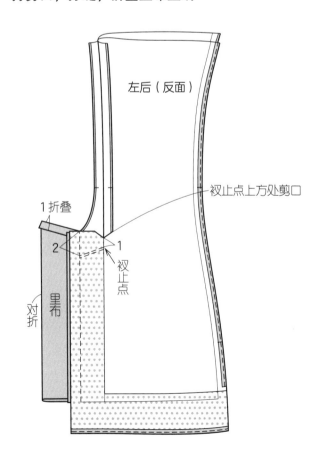

左后（反面）

衩止点上方处剪口

1 折叠

2

1

衩止点

对折

里布

**4  将下摆向上折，装叠门里布**

　　将右衣身下摆机缝后翻正，左衣身下摆直接翻折后缲缝。

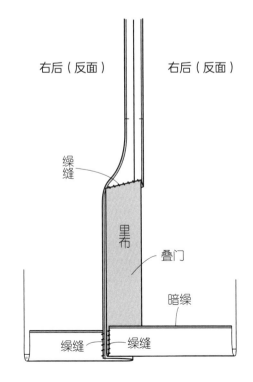

右后（反面）　　　右后（反面）

缲缝

里布

叠门

暗缲

缲缝　　　缲缝

第2章

背　心

*vest*

# 2.1 关于背心

## 2.1.1 背心的定义

目前，所谓背心是指无袖的服装，一般穿在衬衫外或穿在西装内。

男子三件套中的背心是经典款。

其造型大多是整体长度为基本腰长，后片长至腰围线，前片长超过腰围线，合体的款式造型。又称为坎肩。

背心一词来源于拉丁语中的"vestis"和法语中的"veste"，后又经英语的演变，从而形成现在这个称谓。英语中也有称其为"waistcoat"，法语中也有称其为"gilet"的。坎肩是日本式的称谓。

## 2.1.2 背心的变迁

### 17 世纪—18 世纪（近代）

裘斯特克造型　　　外套、背心、及膝裤法国式造型　　　背心

在 17 世纪后期，男性穿着的背心开始出现。在当时（17 世纪 ~ 18 世纪）是三件套造型配套的基本形式。在室内一般外套要脱掉，穿着背心的时候较多。着装时，上装纽扣大多不扣，衣服敞开着。另外，背心上的纽扣一般要扣至下摆或至腰围线。

采用高级面料并辅以精致的刺绣，纽扣数很多且用包纽。

### 18 世纪—21 世纪（近代—现代）

18 世纪后半叶，男子穿在上衣里面的长背心由长至腰部的有领无袖背心取代。此外，仅前片用高档面料制作的背心也开始登场。

这种服装从英国传入，上下是素淡色调，只有中间穿着的背心是明亮色调，非常受欢迎。

19 世纪后半叶，西装（三件套）为一般男性广泛穿用，并被传导到女性服装上，出现了女装男性化现象。

现代社会，套装（背心、裤子或裙子组合穿着）的穿着方法呈多样化、个性化，包括从传统的服装到户外休闲的服装，都在被广泛地穿用着。

背心

有领背心　　　单排扣背心

# 2.2 背心的名称及款式

## 根据形态命名

### 到腰部的背心（Waistcoat）

长至腰部的背心，单排扣或双排扣，有领的、无领的都有。

### 长背心（Long vest）

过臀的长背心。

### 军用背心（Army vest）

在军队穿用的背心或者与此相似的背心。根据用途设有很多口袋。

### 钓鱼背心（Fishing vest）

钓鱼时穿的背心。用防水布制作，为了满足放置必要的钓鱼用品的功能，设计很多口袋。

### 羽绒背心（Down vest）

里面填充羽绒并用绗缝间隔的背心。用防水布制作，又轻又保暖。20世纪70年代起，逛街、游玩时穿着较多。

# 2.3 背心的设计与制图

（制图和用料量，以文化服装学院女学生参考尺寸的标准值为基准。）

## 2.3.1 短背心

根据选用如丝绸、毛料、皮革等不同面料以及不同穿着目的，背心在各个季节都能被广泛地穿用。短背心是基本款。

前衣身与后衣身的面料不同，领窝、前门襟、下摆斜切，可根据设计要求变化款式。

使用与套装相同的面料，可以三件套穿着。

用料：

面料　　幅宽 150cm　用量 60cm

里料　　幅宽 90cm　用量 80cm

黏合衬　幅宽 90cm　　用量为前衣身长 +10~15cm

**原型省道处理**

**后衣身**

考虑到要在背心的里面穿着羊毛衫和衬衫，因其有厚度，需要加入松量，所以将肩省的 1/2 量作为松量转移至袖窿中，剩下的肩省量作为缩缝量。

**前衣身**

将胸省的 1/4 量作为袖窿松量。

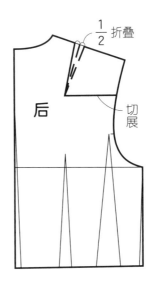

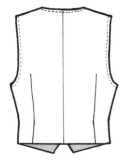

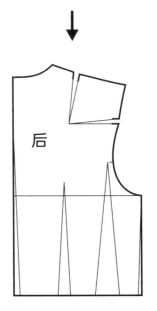

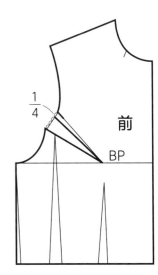

## 作图要点

● 由前衣身、后衣身两片构成。

● 因衣长短，为避免下摆量不足，制图时将长度先画到臀围线，并在臀围线上加松量，再按款式实际长度及造型作出下摆造型线。

● 挂面宽度要超过前门襟下摆处的转折点，所以要宽一点。

● 将袖窿省转移到腰省处。

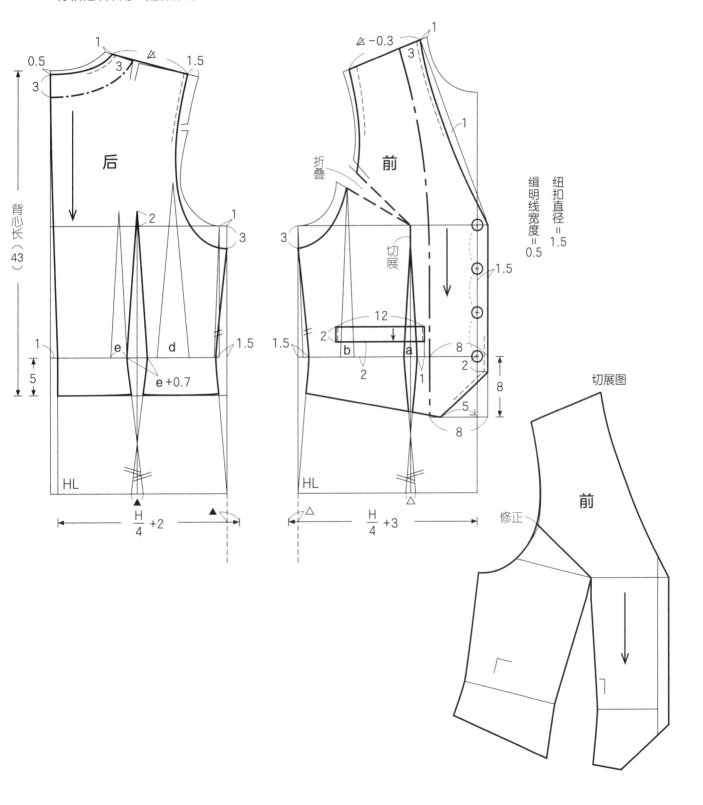

## 2.3.2 长背心

长度完全遮住臀部的背心；在分割线处做出轮廓造型；非常贴合身体。

后领为高领，是从前衣身的连身立领连裁过去的。

该款的口袋是利用摆缝制作的缝中插袋。

用料：

面料　　幅宽150cm　用量110cm

里料　　幅宽90cm　　用量170cm

黏合衬　幅宽90cm　　用量为前衣身长＋10~15cm

### 原型省道处理

#### 后衣身

将肩省的1/2量作为松量转移到袖窿中，剩下的省道量作为缩缝量在肩缝处分散。

#### 前衣身

将胸省的1/4量作为袖窿的松量，其余的量转移到肩缝处。

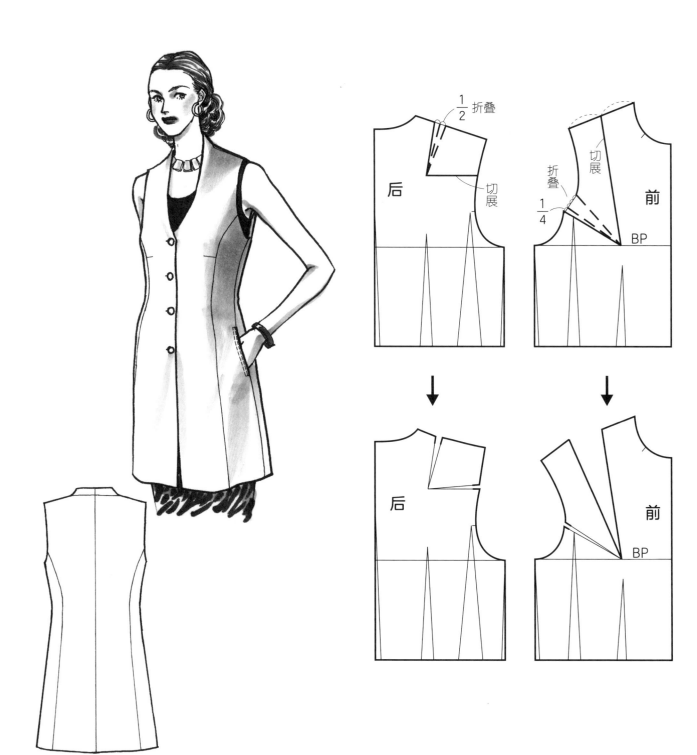

**作图要点**

● 由分割线分割的 4 片构成。

● 在后领窝因为后衣领高出的部分被分割，作图时要先从侧颈点开始沿肩线延长 1cm，然后从这个位置开始向下量取后领高 3cm。

● HL 线上加出松量，作出侧缝线。

● 刀背分割线要以原型的腰省位置与量为参考作图。

● 前领窝从侧颈点开始先延长肩线 1cm，然后从这个点（A）开始直上画出后领部分。

● 将转移到肩缝的胸省量，转移到分割线中。

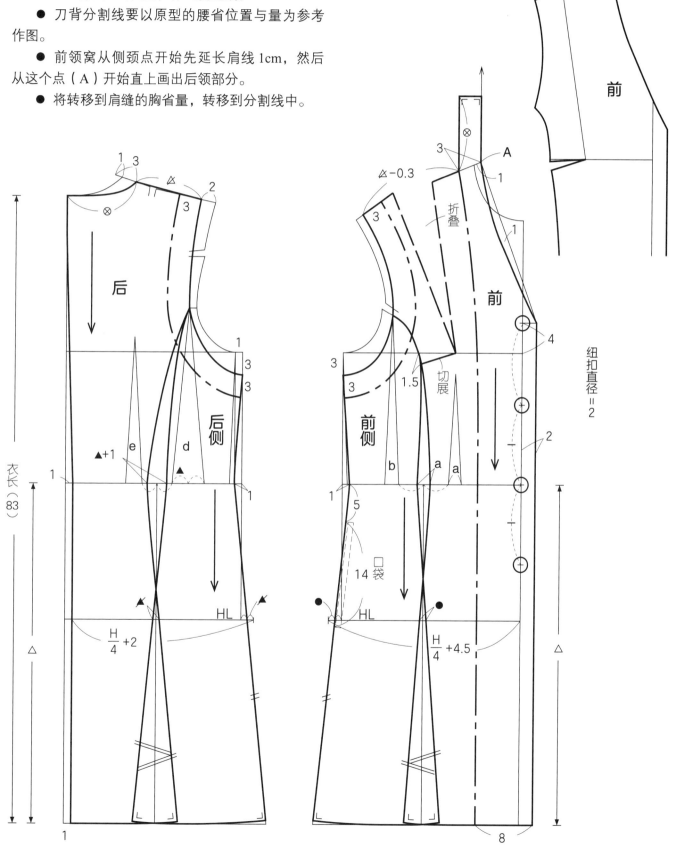

切展图

前

# 2.4 背心的缝制方法

## 2.4.1 短背心

（款式见第 162 页中）

### （1）样板制作

面布样板

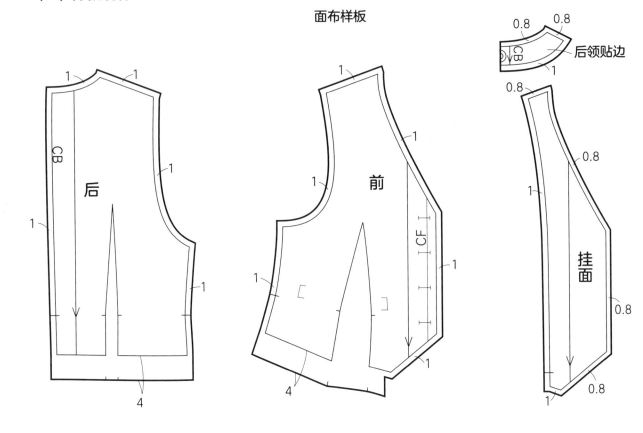

里布样板

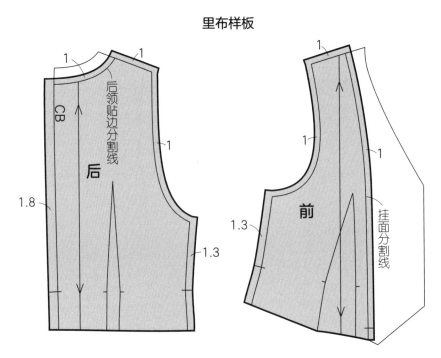

# （2）缝制

## 1 黏衬，前门襟、领窝、袖窿处黏防拉伸牵带

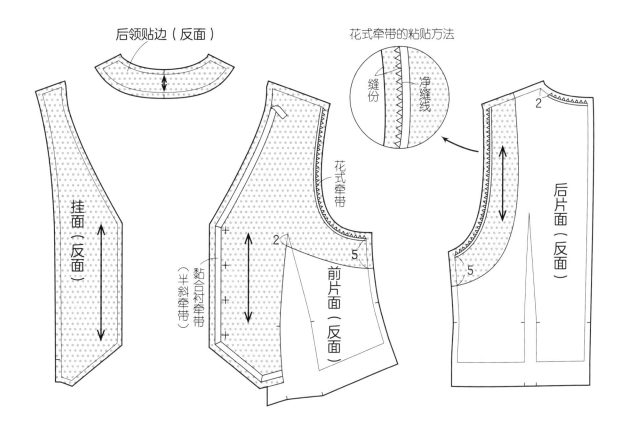

后领贴边（反面）

花式牵带的粘贴方法

缝份　净缝线

挂面（反面）

黏合衬牵带（半斜牵带）

花式牵带

前片面（反面）

2

5

后片面（反面）

2

5

## 2 车缝省道、后中心缝

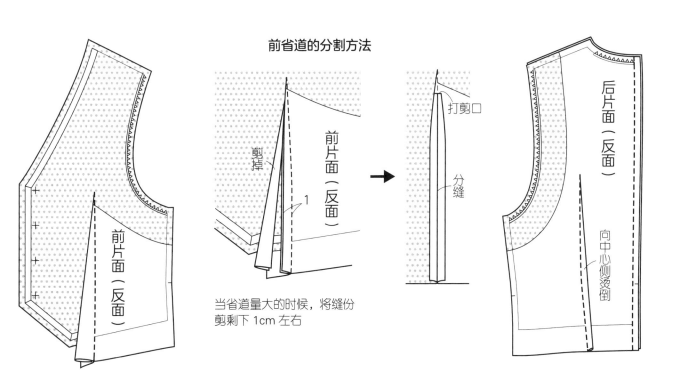

前省道的分割方法

前片面（反面）

前片面（反面）

剪掉

1

当省道量大的时候，将缝份剪剩下 1cm 左右

打剪口

分缝

后片面（反面）

向中心侧烫倒

**3** 做箱形口袋（参照第 135 页）

**4** 缝合肩线

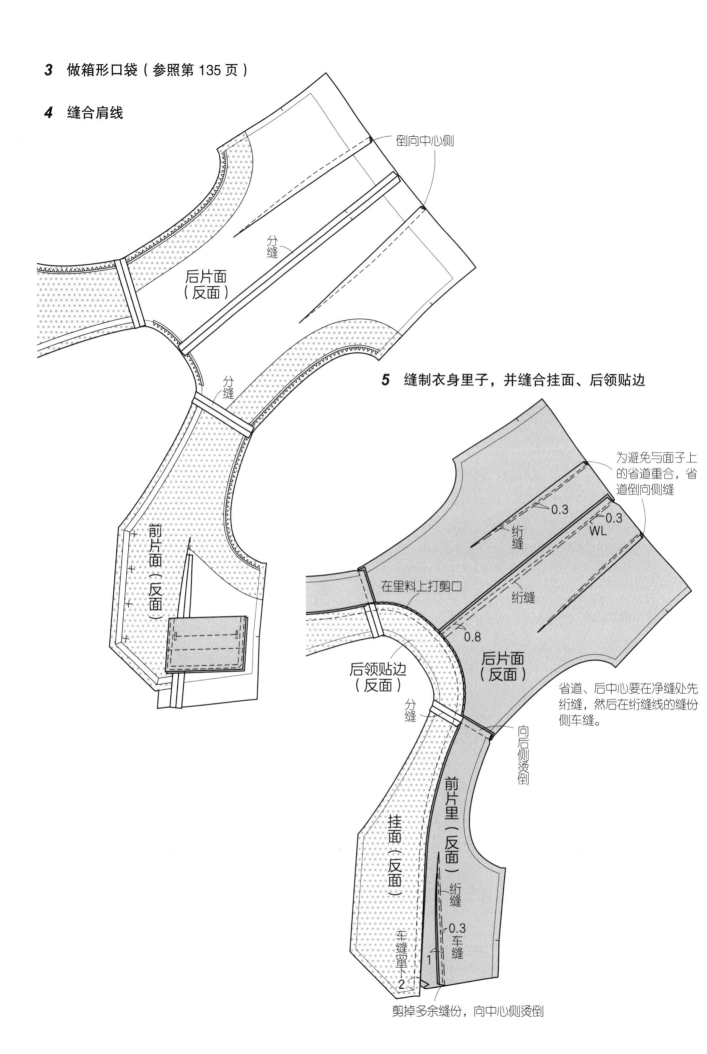

倒向中心侧

分缝

后片面
（反面）

分缝

分缝

前片面
（反面）

**5** 缝制衣身里子，并缝合挂面、后领贴边

为避免与面子上
的省道重合，省
道倒向侧缝

0.3

0.3

WL

纪缝

在里料上打剪口

纪缝

0.8

后片面
（反面）

后领贴边
（反面）

省道、后中心要在净缝处先
纪缝，然后在纪缝线的缝份
侧车缝。

分缝

向后侧烫倒

挂面
（反面）

前片里（反面）

纪缝

车缝留口

0.3
车缝

1

2

剪掉多余缝份，向中心侧烫倒

**6** 将衣身面子和衣身里子正正相对，车缝前门襟、领窝、袖窿

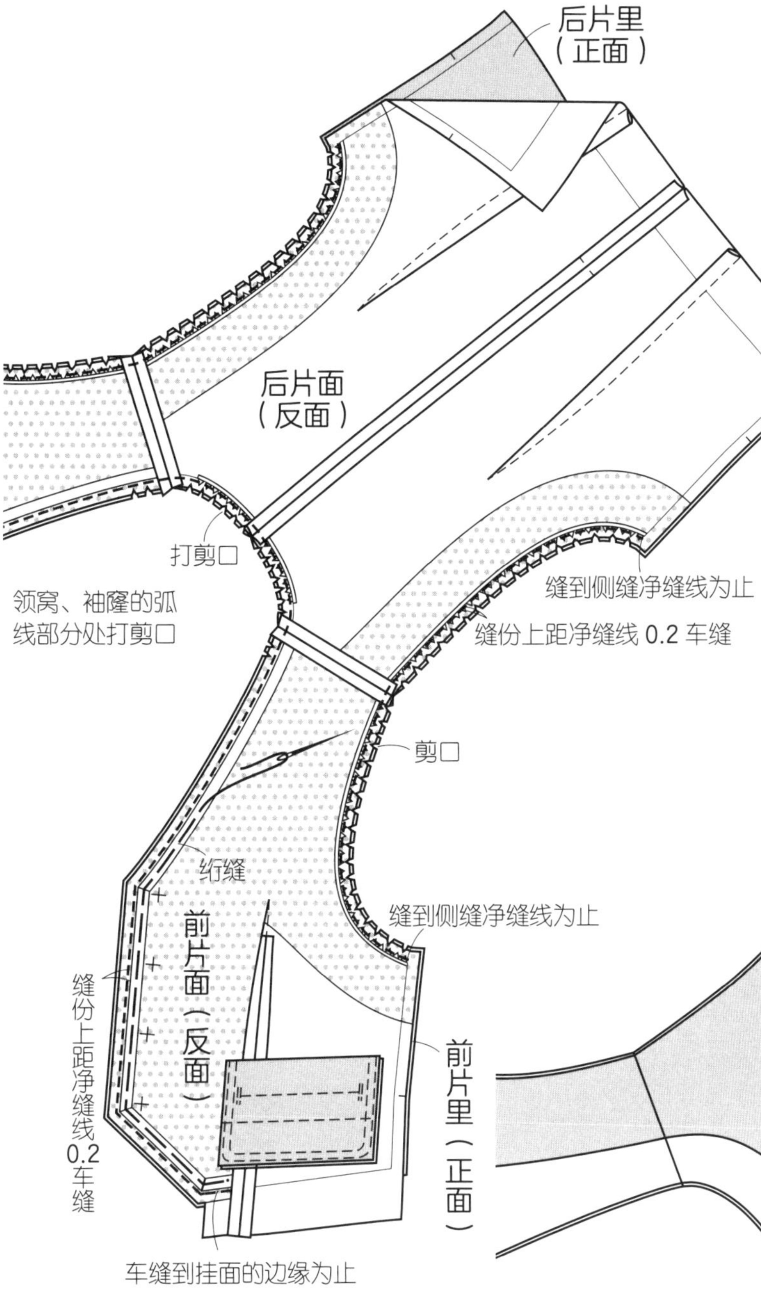

后片里
（正面）

后片面
（反面）

打剪口

领窝、袖窿的弧
线部分处打剪口

纫缝

前片面
（反面）

缝份上距净缝线0.2车缝

缝到侧缝净缝线为止
缝份上距净缝线0.2车缝

剪口

缝到侧缝净缝线为止

前片里
（正面）

车缝到挂面的边缘为止

**7** 翻到正面，整理前门襟、领窝、袖窿

从后衣身的面子和里子之间把前衣身从肩线处拉出来，将衣身翻到正面。

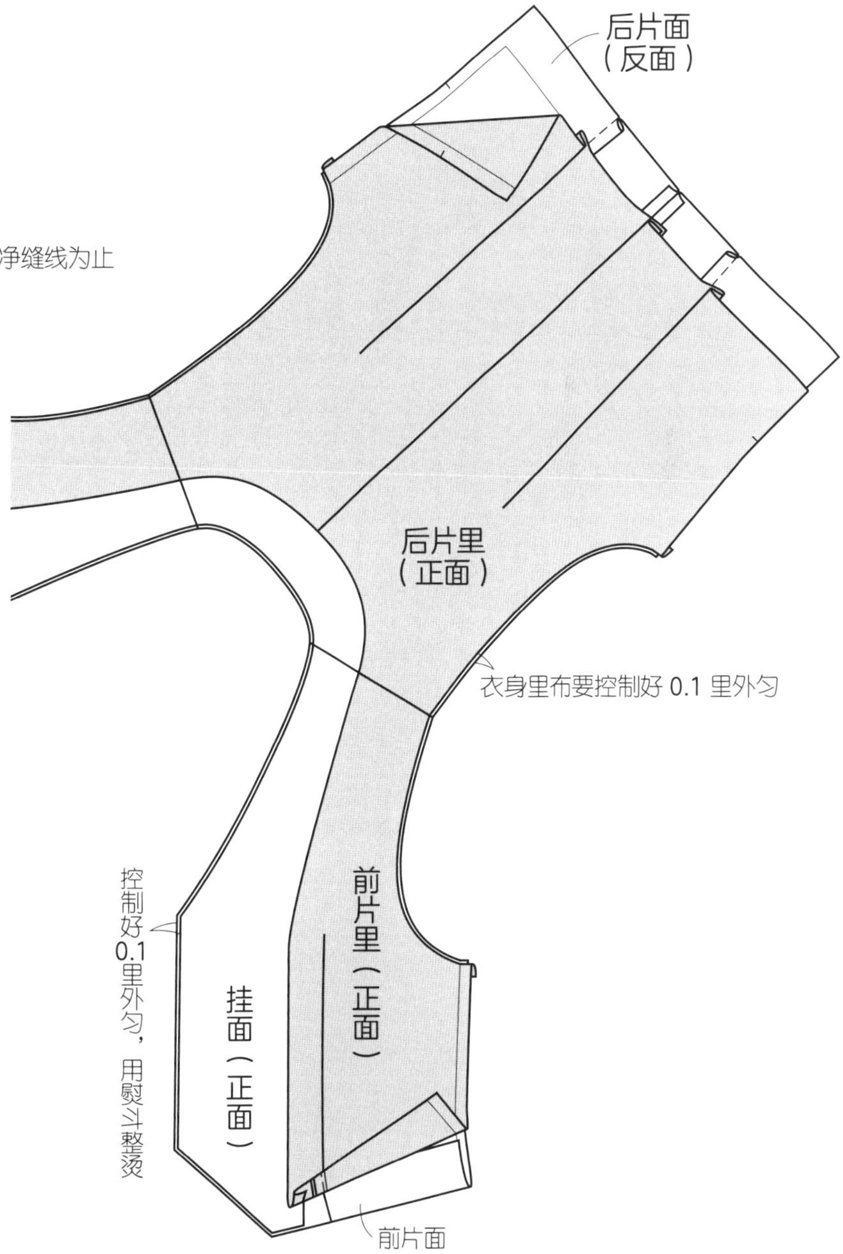

后片面
（反面）

后片里
（正面）

衣身里布要控制好0.1里外匀

控制好0.1里外匀，用熨斗整烫

挂面
（正面）

前片里（正面）

前片面

## 8 绗缝领窝、前门襟，车缝侧缝

　　将前后衣身面子正正相对，车缝侧缝。侧缝的上端为防止袖窿错位，要先用大头针固定，然后从袖窿净缝线向下摆方向车缝。

　　接着将衣身里子正正相对，先沿净缝线绗缝，再在距净缝线 0.2~0.3cm 处车缝，与衣身面子一样从袖窿向下摆方向车缝，最后将缝份向后衣身烫倒。

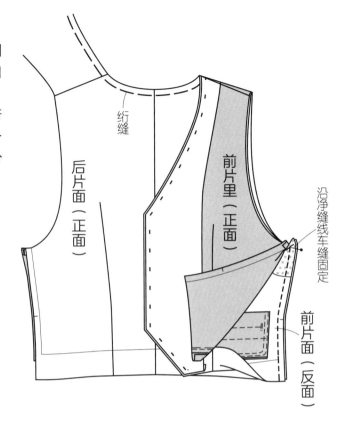

绗缝

后片面（正面）

前片里（正面）

沿净缝线车缝固定

前片面（反面）

## 9 处理下摆，前门襟、领窝、袖窿处缉明线

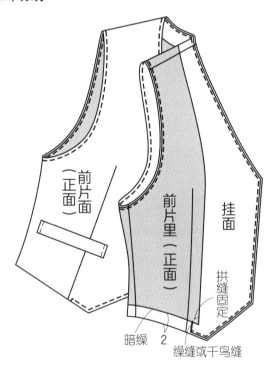

前片面（正面）

前片里（正面）

挂面

拱缝固定

暗缲 2

缲缝或千鸟缝

## 10 锁圆头扣眼，钉纽扣，拆去里布上的绗缝线

## 2.4.2 长背心

（款式见第 164 页中）

### （1）样板制作

#### 1）面布样板制作

● 前挂面。为防止挂面里侧过紧，在腰围线和臀围线处各自切展 0.15cm 以追加长度。

● 后领贴边。将后中心对合裁剪，肩缝处设置分割线。

● 袖窿贴边。将衣身的分割线对齐后做袖窿贴边样板，前/后袖窿贴边分别连续裁剪，不需要分割线。

面布样板

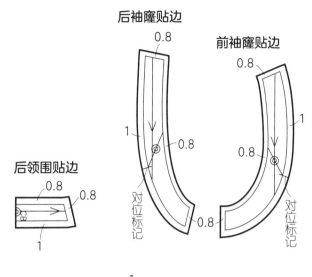

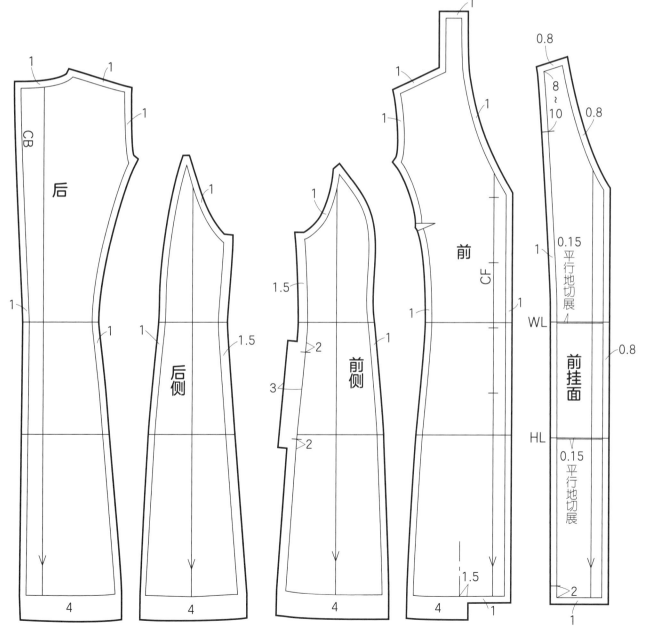

2）里布样板制作

因下摆处面、里是脱开的，所以仅在前衣身里子的挂面侧切展。

前片里子靠近挂面一侧，在腰围线和臀围线处各自切展 0.3cm，以追加长度。

与挂面的长度差，通过缩缝处理。

里布的样板

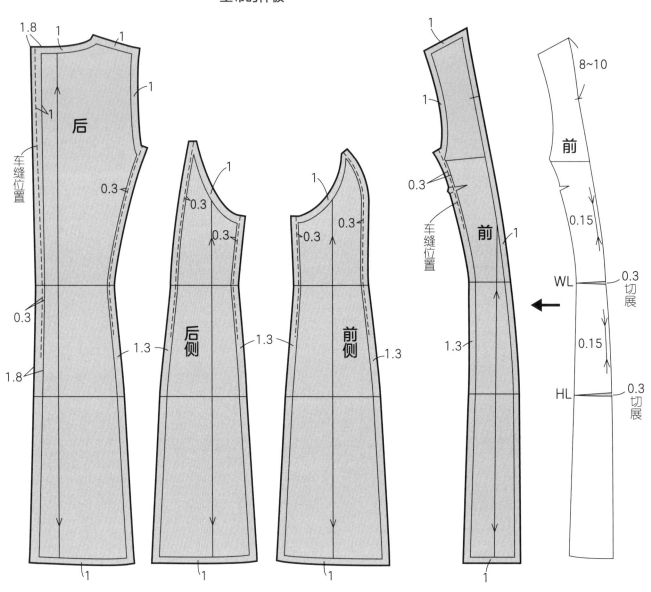

## （2）缝制

*1* 贴衬。前门襟、领窝、袖窿处贴防拉伸牵带，拷边缝份。

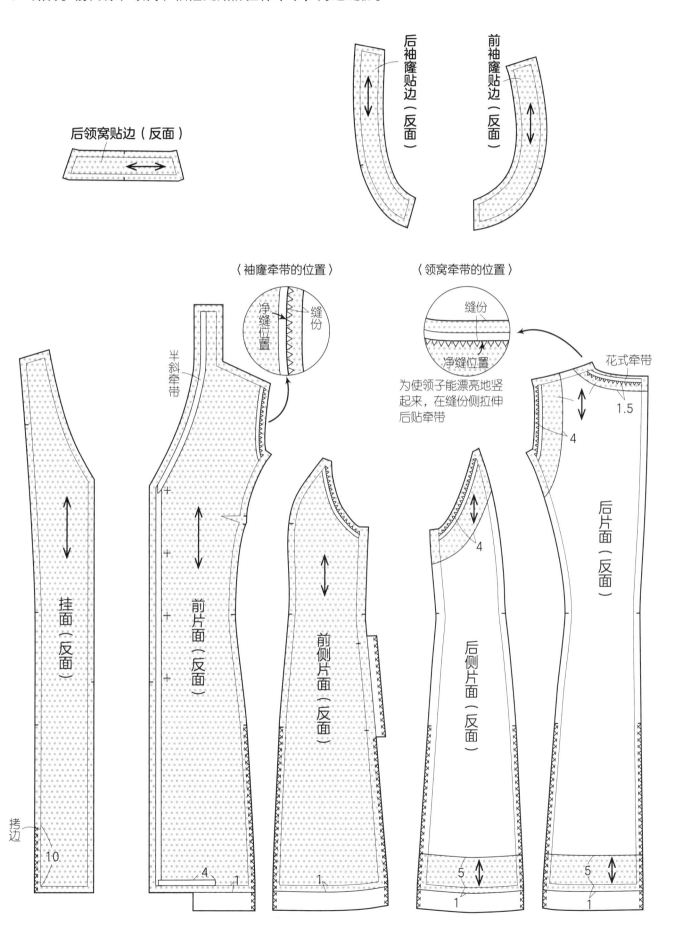

后领窝贴边（反面）

后袖窿贴边（反面）

前袖窿贴边（反面）

〈袖窿牵带的位置〉

净缝位置　缝份

〈领窝牵带的位置〉

缝份

净缝位置

为使领子能漂亮地竖起来，在缝份侧拉伸后贴牵带

花式牵带

1.5

4

4

半斜牵带

挂面（反面）

前片面（反面）

前侧片面（反面）

后片面（反面）

后侧片面（反面）

拷边

10

4　1

1

5　1

5　1

**2** 缝前 / 后刀背分割缝、后中心缝

**3** 缝侧缝，做口袋（参照第 125 页）

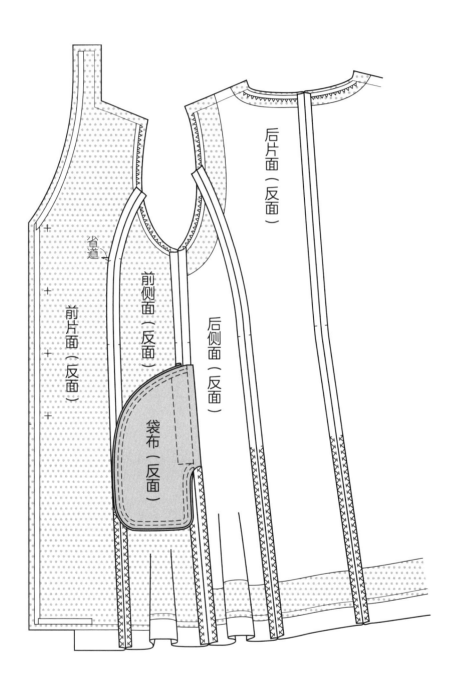

**4　缝合领的后中缝，缝合肩缝并继续装领**

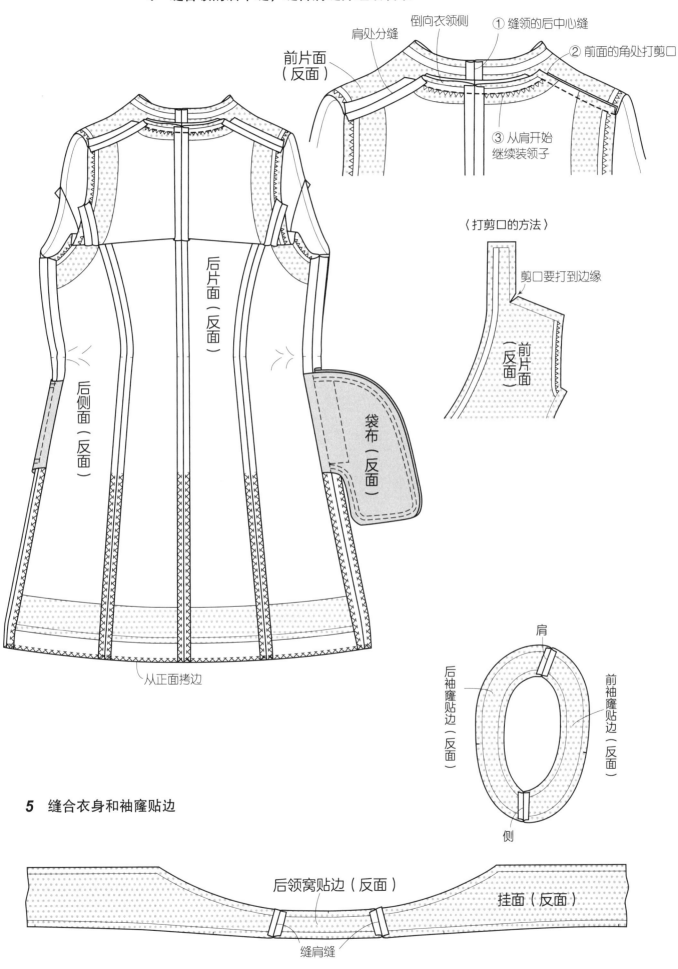

前片面（反面）

肩处分缝

倒向衣领侧

① 缝领的后中心缝

② 前面的角处打剪口

③ 从肩开始继续装领子

〈打剪口的方法〉

剪口要打到边缘

前片面（反面）

后片面（反面）

后侧面（反面）

袋布（反面）

从正面拷边

肩

后袖窿贴边（反面）

前袖窿贴边（反面）

侧

**5　缝合衣身和袖窿贴边**

后领窝贴边（反面）

挂面（反面）

缝肩缝

## 6 装挂面，缲缝下摆

将衣身和挂面正正相对，向缝份侧离净缝线 0.2cm 处车缝。为使弧线部分平服，在缝份上打剪口，然后将挂面翻到正面，整理好 0.1cm 里外匀。

将下摆在净缝线处翻折，暗缲。

## 7 缝衣身里子

为了吻合面布的拉伸，里布要在反面离开净缝线 0.2~0.3cm 处车缝，并沿着净缝线折烫。

下摆用三折边缝型。

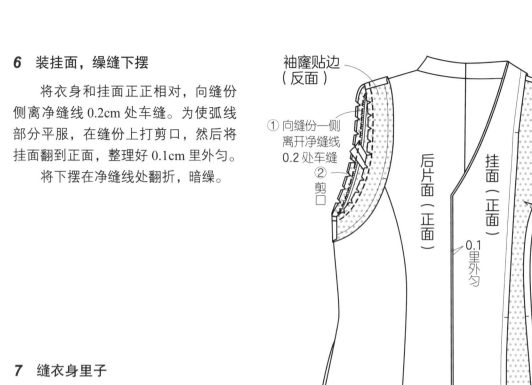

袖窿贴边（反面）

① 向缝份一侧离开净缝线 0.2 处车缝

② 剪口

后片面（正面）

0.1 里外匀

挂面（正面）

0.1

③ 将挂面和贴边缝份缉明线

前侧面（反面）

袖窿贴边（正面）

袋布（反面）

暗缲

〈袖窿贴边缉线的方法〉

贴边（正面）

衣身（正面）

0.1

净缝线

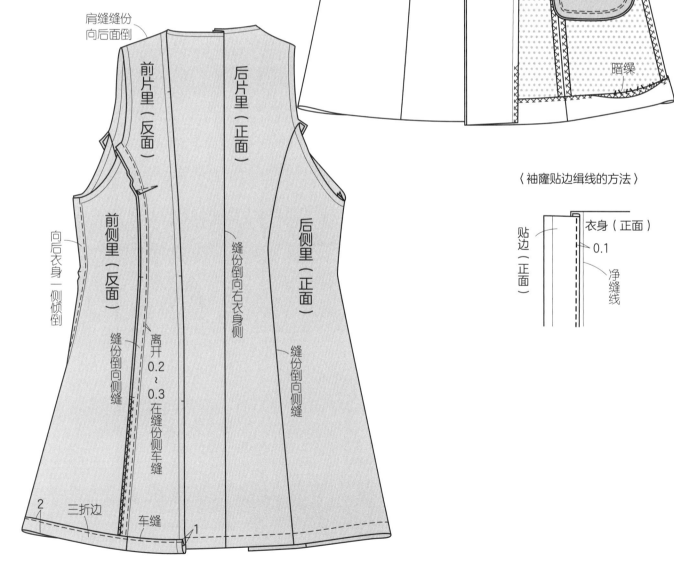

肩缝缝份向后面倒

前片里（反面）

后片里（正面）

向后衣身一侧倾倒

前侧里（反面）

离开 0.2~0.3 在缝份侧车缝

缝份倒向侧缝

缝份倒向右衣身侧

后侧里（正面）

缝份倒向侧缝

2

三折边

车缝

1

## 8 袖窿贴边和衣身里子的缝合

将袖窿贴边和衣身里子正正相对以及对位记号对齐后车缝，缝份倒向衣身里子侧。

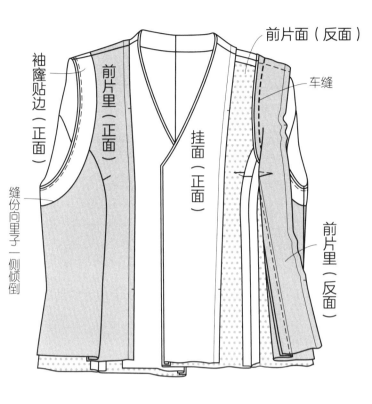

袖窿贴边（正面）

缝份向里子一侧倾倒

前片里（正面）

挂面（正面）

前片面（反面）

车缝

前片里（反面）

## 10 前挂面和衣身里子的缝合

将前门襟的对位记号到离下摆线2cm处车缝，缝份倒向衣身里子侧。

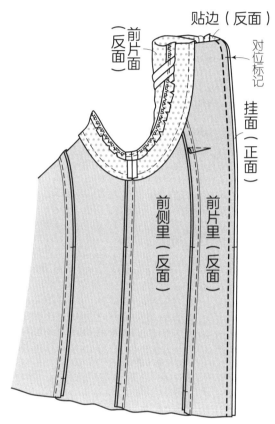

前片面（反面）

贴边（反面）

对位标记

挂面（正面）

前侧里（反面）

前片里（反面）

## 9 领贴边和衣身里子的缝合

将前衣身向后衣身一侧拉出，领贴边和衣身里子正正相对，对位记号对齐后车缝。

在缝份弧线部分打剪口，使其倒向衣身里子侧。

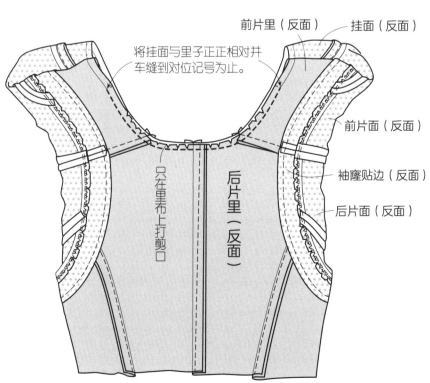

前片里（反面）

挂面（反面）

将挂面与里子正正相对并车缝到对位记号为止。

前片面（反面）

袖窿贴边（反面）

后片面（反面）

只在里布上打剪口

后片里（反面）

**11** 将衣身面子和衣身里子的侧缝处缝份用绗缝固定

**12** 后整理

　　将后领窝的缝份、前门襟止口以及前领窝用拱针固定，衣身面子和衣身里子的侧缝下摆用钉线袢固定。

　　锁扣眼、钉纽扣。

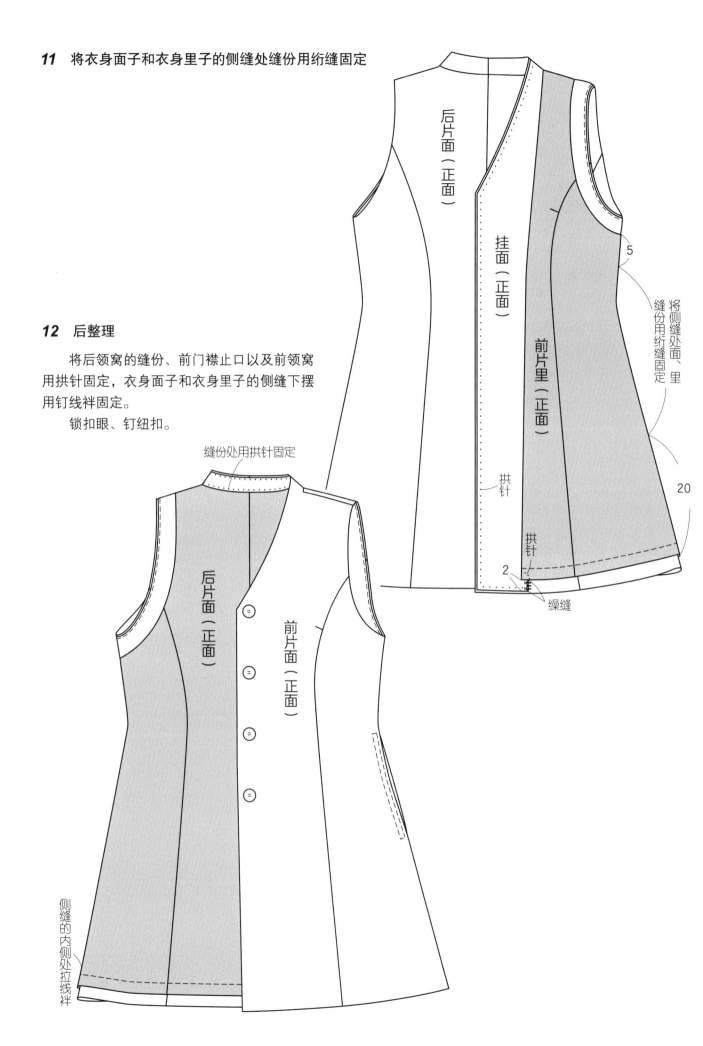

后片面（正面）

挂面（正面）

前片里（正面）

将侧缝处面、里缝份用绗缝固定

5

20

拱针

拱针

2

缲缝

缝份处用拱针固定

后片面（正面）

前片面（正面）

侧缝的内侧处拉线袢

# 附录

## 制图符号（文化式）

它是为便于理解制图中的表达含义而作的规定。

### 制图符号的表示及其含义

| 表示事项 | 表示记号 | 摘要 | 表示事项 | 表示记号 | 摘要 |
|---|---|---|---|---|---|
| 基础线 | | 为作目标线而作的基础线。用细实线或虚线表示 | 区别线交叉的记号 | | 表示左右线的交叉。用细实线表示 |
| 等分线 | | 在一段有限长度的线段上分成等长的几段线。用细虚线或虚线表示 | 布纹线丝缕线 | | 箭头方向表示布的纵向。用粗实线表示 |
| 完成线（净缝线） | | 表示纸样净样轮廓的线。用粗实线或虚线表示 | 斜料方向 | | 表示布的斜料方向。用粗实线表示 |
| 挂面线 | | 表示挂面安装位置及表示挂面大小的线。用粗点划线表示 | 毛的方向 | 顺毛 逆毛 | 有毛、有光泽的面料，要表示出毛的方向。用粗实线表示 |
| 对折裁剪线 | | 在对折裁剪位置表示的线。用粗虚线表示 | 拉伸记号 | | 表示需拉伸位置 |
| 翻折线挺缝线 | | 在折痕位置及翻折位置表示的线。用粗虚线表示 | 缝缩记号 | | 表示要缝缩的位置 |
| 缉明线 | | 表示缉明线位置和形状的线。用细虚线表示。仅在缉明线的起点和止点表示也行 | 归拔记号 | | 表示需归拔的位置 |
| 胸高点（BP） | ✕ | 表示胸高点的记号。用细实线表示 | 折叠、切展记号 | 切展 折叠 | 表示将某处纸样折叠，而另一处则切展 |
| 直角记号 | | 在直角处表示。用细实线表示 | 将分开的纸样拼合在一起裁剪的记号 | | 表示裁布时，纸样要连在一起 |

179

| 表示事项 | 表示记号 | 摘要 | 表示事项 | 表示记号 | 摘要 |
|---|---|---|---|---|---|
| 对位标记 | | 两块布缝合时，防止错位而作的记号。 | 塔克 | | 在下摆下方作一根斜线。表示从高到低折叠 |
| 单向折裥 | | 下摆方向下面作两根斜线。表示从高到低折叠 | 纽扣记号 | | 表示纽扣的位置 |
| 暗裥 | | 同上 | 扣眼记号 | | 表示扣眼的位置 |

### 作图中关键线与点的名称缩写

| | | | | | |
|---|---|---|---|---|---|
| B | Bust（胸围）的缩写 | MHL | Middle Hip Line（中臀围线）的缩写 | BNP | Back Neck Point（后颈点）的缩写 |
| UB | Under Bust（下胸围）的缩写 | HL | Hip Line（臀围线）的缩写 | SP | Shoulder Point（肩点）的缩写 |
| W | Waist（腰围）的缩写 | EL | Elbow Line（袖肘线）的缩写 | AH | Arm Hole（袖窿线）的缩写 |
| MH | Middle Hip（中臀围）的缩写 | KL | Knee Line（膝围线）的缩写 | HS | Head Size（头围）的缩写 |
| H | Hip（臀围）的缩写 | BP | Bust Point（胸点）的缩写 | CF | Center Front（前中心线）的缩写 |
| BL | Bust Line（胸围线）的缩写 | SNP | Side Neck Point（侧颈点）的缩写 | CB | Center Back（后中心线）的缩写 |
| WL | Waist Line（腰围线）的缩写 | FNP | Front Neck Point（前颈点）的缩写 | | |

# 参考尺寸

## 日本工业规格（JIS）尺寸

### ● 成年女子用衣服的尺寸（JIS L 4005—2023）

**体型分类基本方法**

体型分类的依据是，将日本成年女子身高分为 142cm、150cm、158cm 和 166cm，胸围为 74~92cm 时以 3cm 为间隔、胸围为 92~104cm 时以 4cm 为间隔划分。在每个身高与胸围的组合中，出现率最高的臀围尺寸体型为其所表示的体型。

**尺寸类别和名称**

体型尺寸种类名称如下表。

| | |
|---|---|
| R | 表示身高 158cm，普通的意思，Regular 的缩写 |
| P | 表示身高 150cm，小的意思，Petite 的缩写 |
| PP | 表示身高 142cm，比 P 更小的意思，用两个 P 表示 |
| T | 表示身高 166cm，高的意思，Tall 的缩写 |

## 成年女子用衣服的尺寸

### 身高142cm / 身高150cm （单位 cm）

| 名称 | 5PP | 7PP | 9PP | 11PP | 13PP | 15PP | 17PP | 19PP | 3P | 5P | 7P | 9P | 11P | 13P | 15P | 17P | 19P | 21P |
|---|---|---|---|---|---|---|---|---|---|---|---|---|---|---|---|---|---|---|
| **基本体型尺寸** 胸围 | 77 | 80 | 83 | 86 | 89 | 92 | 96 | 100 | 74 | 77 | 80 | 83 | 86 | 89 | 92 | 96 | 100 | 104 |
| **基本体型尺寸** 臀围 | 85 | 87 | 89 | 91 | 93 | 95 | 97 | 99 | 83 | 85 | 87 | 89 | 91 | 93 | 95 | 97 | 99 | 101 |
| 身高 | 142 | | | | | | | | 150 | | | | | | | | | |

参考人体尺寸 — 腰围（按年代区分 10~70）

| 年代区分 | 5PP | 7PP | 9PP | 11PP | 13PP | 15PP | 17PP | 19PP | 3P | 5P | 7P | 9P | 11P | 13P | 15P | 17P | 19P | 21P |
|---|---|---|---|---|---|---|---|---|---|---|---|---|---|---|---|---|---|---|
| 10 | 61 | — | — | | | | — | | 58 | 61 | 64 | 64 | 67 | 70 | 73 | 76 | 80 | 84 |
| 20 | 61 | 64 | 67 | 70 | 73 | 76 | | | 58 | 61 | 64 | 64 | 67 | 70 | 73 | 76 | 80 | 84 |
| 30 | 61 | 64 | 67 | 70 | 73 | 76 | 80 | | 58 | 61 | 64 | 64 | 67 | 70 | 73 | 76 | 80 | 84 |
| 40 | 64 | 67 | 70 | 70 | 73 | 76 | 80 | | 61 | 64 | 67 | 67 | 70 | 73 | 76 | 80 | 84 | 88 |
| 50 | 64 | 67 | 70 | 73 | 76 | 80 | 84 | | 61 | 64 | 67 | 67 | 70 | 73 | 76 | 80 | 84 | 88 |
| 60 | 64 | 67 | 70 | 73 | 76 | 80 | 84 | 88 | 64 | 64 | 67 | 70 | 73 | 76 | 80 | 84 | 88 | 88 |
| 70 | 67 | 70 | 73 | 76 | 80 | 80 | 84 | 88 | 64 | 67 | 70 | 73 | 76 | 76 | 80 | 84 | 88 | 92 |

### 身高158cm / 身高166cm （单位 cm）

| 名称 | 3R | 5R | 7R | 9R | 11R | 13R | 15R | 17R | 19R | 3T | 5T | 7T | 9T | 11T | 13T | 15T | 17T | 19T |
|---|---|---|---|---|---|---|---|---|---|---|---|---|---|---|---|---|---|---|
| **基本体型尺寸** 胸围 | 74 | 77 | 80 | 83 | 86 | 89 | 92 | 96 | 100 | 74 | 77 | 80 | 83 | 86 | 89 | 92 | 96 | 100 |
| **基本体型尺寸** 臀围 | 85 | 87 | 89 | 91 | 93 | 95 | 97 | 99 | 101 | 87 | 89 | 91 | 93 | 95 | 97 | 99 | 101 | 103 |
| 身高 | 158 | | | | | | | | | 166 | | | | | | | | |

参考人体尺寸 — 腰围（按年代区分 10~70）

| 年代区分 | 3R | 5R | 7R | 9R | 11R | 13R | 15R | 17R | 19R | 3T | 5T | 7T | 9T | 11T | 13T | 15T | 17T | 19T |
|---|---|---|---|---|---|---|---|---|---|---|---|---|---|---|---|---|---|---|
| 10 | 58 | 61 | 61 | 64 | 67 | 70 | 73 | 76 | 80 | 61 | 61 | 64 | 64 | 67 | 70 | 73 | 76 | 80 |
| 20 | 58 | 61 | 61 | 64 | 67 | 70 | 73 | 76 | 80 | 61 | 61 | 64 | 64 | 67 | 70 | 73 | 76 | 80 |
| 30 | 61 | 61 | 64 | 67 | 70 | 73 | 76 | 80 | 84 | 61 | 64 | 64 | 67 | 70 | 73 | 76 | 80 | 80 |
| 40 | 61 | 64 | 64 | 67 | 70 | 73 | 76 | 80 | 84 | 61 | 64 | 64 | 67 | 70 | 73 | 76 | 80 | 80 |
| 50 | 64 | 64 | 67 | 70 | 73 | 76 | 80 | 84 | 88 | — | — | 64 | 70 | 73 | 73 | — | — | — |
| 60 | — | — | 67 | 70 | 73 | 76 | 80 | 84 | 88 | — | — | 64 | 70 | 73 | 73 | — | — | — |
| 70 | — | — | — | — | 76 | 76 | 80 | 84 | — | — | — | — | — | — | — | — | — | — |

文化服装学院女学生参考尺寸

制作衣服所需的测量项目及标准值（文化服装学院，1998年）

（单位：cm）

| | 测量项目 | 标准值 |
|---|---|---|
| 围度尺寸 | 胸围 | 84.0 |
| | 胸下围 | 70.0 |
| | 腰围 | 64.5 |
| | 中臀围 | 82.5 |
| | 臀围 | 91.0 |
| | 臂根围 | 36.0 |
| | 臂围 | 26.0 |
| | 肘围 | 22.0 |
| | 手腕围 | 15.0 |
| | 手掌围 | 21.0 |
| | 头围 | 56.0 |
| | 颈围 | 37.5 |
| | 大腿围 | 54.0 |
| | 小腿围 | 34.5 |
| 宽度尺寸 | 肩宽 | 40.5 |
| | 背宽 | 33.5 |
| | 胸宽 | 32.5 |
| | 双胸点间距 | 16.0 |
| 长度尺寸 | 身高 | 158.5 |
| | 总长 | 134.0 |
| | 背长 | 38.0 |
| | 后腰节长 | 40.5 |
| | 前腰节长 | 42.0 |
| | 胸高点长 | 25.0 |
| | 袖长 | 52.0 |
| | 腰高 | 97.0 |
| | 腰臀高 | 18.0 |
| | 上裆长 | 25.0 |
| | 下裆长 | 72.0 |
| | 膝长 | 57.0 |
| 其他 | 上裆前后总长 | 68.0 |
| | 体重 | 51.0kg |

# 文化式成年女子衣身原型

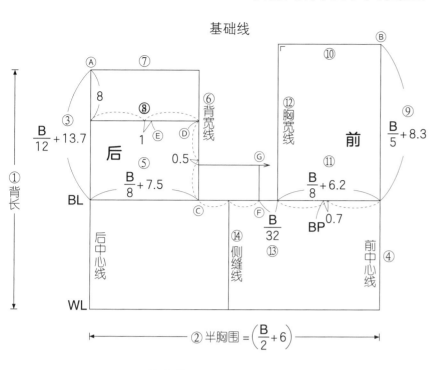

基础线

- 图上各部位尺寸计算值参考后面的参照表
- 腰省的各个省量用相对于总省量的比率进行计算。总省量=半胸围−（W/2+3）。
- 各省道量参考下面的省量分配表。
- 不用量角器作图时，若胸围93cm及以下情况则可以计算胸省量，但胸围94cm及以上情况则需修正袖窿线（参照《服饰造型基础》中），可根据后面的部位尺寸一览表中的数值作图之后再修正袖窿线。

轮廓线        不使用量角器制图时肩斜度和胸省的确定方法

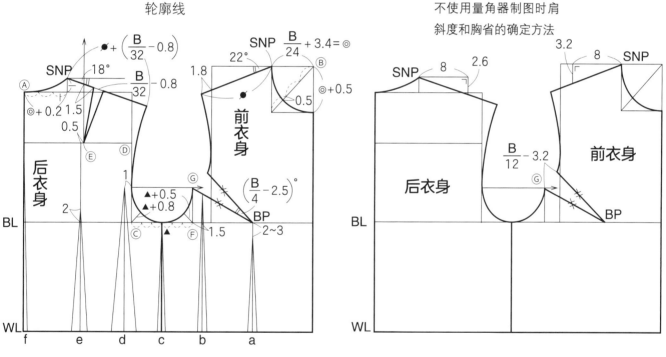

省量分配表

（单位：cm）

| 总省量 | f | e | d | c | b | a |
|---|---|---|---|---|---|---|
| 100% | 7% | 18% | 35% | 11% | 15% | 14% |
| 9 | 0.630 | 1.620 | 3.150 | 0.990 | 1.350 | 1.260 |
| 10 | 0.700 | 1.800 | 3.500 | 1.10 | 1.500 | 1.400 |
| 11 | 0.770 | 1.980 | 3.850 | 1.210 | 1.650 | 1.540 |
| 12 | 0.840 | 2.160 | 4.200 | 1.320 | 1.800 | 1.680 |
| 12.5 | 0.875 | 2.250 | 4.375 | 1.375 | 1.875 | 1.750 |
| 13 | 0.910 | 2.340 | 4.550 | 1.430 | 1.950 | 1.820 |
| 14 | 0.980 | 2.520 | 4.900 | 1.540 | 2.100 | 1.960 |
| 15 | 1.050 | 2.700 | 5.250 | 1.650 | 2.250 | 2.100 |

# 部位尺寸一览表

| B | 半胸围 | Ⓐ~BL | 背宽 | BL~Ⓑ | 胸宽 | $\frac{B}{32}$ | 前领宽 | 前领深 | 胸省 | | 后领宽 | 后肩省 | ★ |
| | | | | | | | | | （度） | （cm） | | | |
| | $\frac{B}{2}+6$ | $\frac{B}{12}+13.7$ | $\frac{B}{8}+7.4$ | $\frac{B}{5}+8.3$ | $\frac{B}{8}+6.2$ | $\frac{B}{32}$ | $\frac{B}{24}+3.4=$◎ | ◎$+0.5$ | $(\frac{B}{4}-2.5)°$ | $\frac{B}{12}-3.2$ | ◎$+0.2$ | $\frac{B}{32}-0.8$ | ★ |
| 77 | 44.5 | 20.1 | 17.0 | 23.7 | 15.8 | 2.4 | 6.6 | 7.1 | 16.8 | 3.2 | 6.8 | 1.6 | 0.0 |
| 78 | 45.0 | 20.2 | 17.2 | 23.9 | 16.0 | 2.4 | 6.7 | 7.2 | 17.0 | 3.3 | 6.9 | 1.6 | 0.0 |
| 79 | 45.5 | 20.3 | 17.3 | 24.1 | 16.1 | 2.5 | 6.7 | 7.2 | 17.3 | 3.4 | 6.9 | 1.7 | 0.0 |
| 80 | 46.0 | 20.4 | 17.4 | 24.3 | 16.2 | 2.5 | 6.7 | 7.2 | 17.5 | 3.5 | 6.9 | 1.7 | 0.0 |
| 81 | 46.5 | 20.5 | 17.5 | 24.5 | 16.3 | 2.5 | 6.8 | 7.3 | 17.8 | 3.6 | 7.0 | 1.7 | 0.0 |
| 82 | 47.0 | 20.5 | 17.7 | 24.7 | 16.5 | 2.6 | 6.8 | 7.3 | 18.0 | 3.6 | 7.0 | 1.8 | 0.0 |
| 83 | 47.5 | 20.6 | 17.8 | 24.9 | 16.6 | 2.6 | 6.9 | 7.4 | 18.3 | 3.7 | 7.1 | 1.8 | 0.0 |
| 84 | 48.0 | 20.7 | 17.9 | 25.1 | 16.7 | 2.6 | 6.9 | 7.4 | 18.5 | 3.8 | 7.1 | 1.8 | 0.0 |
| 85 | 48.5 | 20.8 | 18.0 | 25.3 | 16.8 | 2.7 | 6.9 | 7.4 | 18.8 | 3.9 | 7.1 | 1.9 | 0.1 |
| 86 | 49.0 | 20.9 | 18.2 | 25.5 | 17.0 | 2.7 | 7.0 | 7.5 | 19.0 | 4.0 | 7.2 | 1.9 | 0.1 |
| 87 | 49.5 | 21.0 | 18.3 | 25.7 | 17.1 | 2.7 | 7.0 | 7.5 | 19.3 | 4.1 | 7.2 | 1.9 | 0.1 |
| 88 | 50.0 | 21.0 | 18.4 | 25.9 | 17.2 | 2.8 | 7.1 | 7.6 | 19.5 | 4.1 | 7.3 | 2.0 | 0.1 |
| 89 | 50.5 | 21.1 | 18.5 | 26.1 | 17.3 | 2.8 | 7.1 | 7.6 | 19.8 | 4.2 | 7.3 | 2.0 | 0.1 |
| 90 | 51.0 | 21.2 | 18.7 | 26.3 | 17.5 | 2.8 | 7.2 | 7.7 | 20.0 | 4.3 | 7.4 | 2.0 | 0.2 |
| 91 | 51.5 | 21.3 | 18.8 | 26.5 | 17.6 | 2.8 | 7.2 | 7.7 | 20.3 | 4.4 | 7.4 | 2.0 | 0.2 |
| 92 | 52.0 | 21.4 | 18.9 | 26.7 | 17.7 | 2.9 | 7.2 | 7.7 | 20.5 | 4.5 | 7.4 | 2.1 | 0.2 |
| 93 | 52.5 | 21.5 | 18.0 | 26.9 | 17.8 | 2.9 | 7.3 | 7.8 | 20.8 | 4.6 | 7.5 | 2.1 | 0.2 |
| 94 | 53.0 | 21.5 | 19.2 | 27.1 | 18.0 | 2.9 | 7.3 | 7.8 | 21.0 | 4.6 | 7.5 | 2.1 | 0.2 |
| 95 | 53.5 | 21.6 | 19.3 | 27.3 | 18.1 | 3.0 | 7.4 | 7.9 | 21.3 | 4.7 | 7.6 | 2.2 | 0.3 |
| 96 | 54.0 | 21.7 | 19.4 | 27.5 | 18.2 | 3.0 | 7.4 | 7.9 | 21.5 | 4.8 | 7.6 | 2.2 | 0.3 |
| 97 | 54.5 | 21.8 | 19.5 | 27.7 | 18.3 | 3.0 | 7.4 | 7.9 | 21.8 | 4.9 | 7.6 | 2.2 | 0.3 |
| 98 | 55.0 | 21.9 | 19.7 | 27.9 | 18.5 | 3.1 | 7.5 | 8.0 | 22.0 | 5.0 | 7.7 | 2.3 | 0.3 |
| 99 | 55.5 | 22.0 | 19.8 | 28.1 | 18.6 | 3.1 | 7.5 | 8.0 | 22.3 | 5.1 | 7.7 | 2.3 | 0.3 |
| 100 | 56.0 | 22.0 | 19.9 | 28.3 | 18.7 | 3.1 | 7.6 | 8.1 | 22.5 | 5.1 | 7.8 | 2.3 | 0.4 |
| 101 | 56.5 | 22.1 | 20.0 | 28.5 | 18.8 | 3.2 | 7.6 | 8.1 | 22.8 | 5.2 | 7.8 | 2.4 | 0.4 |
| 102 | 57.0 | 22.2 | 20.2 | 28.7 | 19.0 | 3.2 | 7.7 | 8.2 | 23.0 | 5.3 | 7.9 | 2.4 | 0.4 |
| 103 | 57.5 | 22.3 | 20.3 | 28.9 | 19.1 | 3.2 | 7.7 | 8.2 | 23.3 | 5.4 | 7.9 | 2.4 | 0.4 |
| 104 | 58.0 | 22.4 | 20.4 | 29.1 | 19.2 | 3.3 | 7.7 | 8.2 | 23.5 | 5.5 | 7.9 | 2.5 | 0.4 |

这个原型主要适合于胸围80~89cm的人体，尺寸表以外的情况按半胸围的松量（6cm）加减。